企業環境人の

道しるべ

―より佳き環境管理実務への50の法的視点―

上智大学大学院法学研究科長

北村喜宣

［著］

第一法規

はしがき
―「より佳き環境法」の観点からの風景―

　本書読者の大半は、ビジネスの世界で活躍されている方々であろう。その方々にとって「環境法」といえば、それは当然に、会社法や労働法とならんで、コンプライアンスの対象となる法律のひとつの分野と受け取られているかもしれない。本書においては、事業者を規制対象とする環境法の光を、環境法研究・環境法教育というプリズムにあて、その向こうのスクリーンに映し出される風景を描写してみたい。

　事業者という立場からは、環境規制に関する法律・政省令、条例・規則は、いわば所与のものではないだろうか。それらの内容に疑念を持ったとしても、どうせ改正されるわけでもないとして、内容に関しては、受け入れるしかないのが現実ではないだろうか。

　本書においては、一歩踏み込み、環境法の内容の合理性に焦点をあてる。私は、環境法の研究を仕事としている。その目標は、「より佳き環境法」の実現である。「より佳き」の内容は多様であるが、評価の項目としては、①透明性、②開放性、③答責性、④応答性、⑤有効性、⑥効率性、⑦比例性、⑧未然防止性、⑨正義性のようなものを考えている。

　①は内容やプロセスが事業者・国民にとって明らかなこと、②は規制対象や市民社会との関係がオープンになっていること、③は行政決定の理由を説明して批判的コメントを受けるようになっていること、④は市民社会らの提案や批判への誠実な応答を通して法律の的確な実施を確保するようになっていることである。これらは、環境法の手続的側面である。

　これに対し、⑤は当該法律が目的とした状態を実現できるだけの仕組みが規定されていること、⑥は規制対象の行動改変をより低い行政コスト・企業コストのものに実現できること、⑦は実現すべき法目的に照らして規制対象に課される負担のバランスが取れていること、⑧は健康被害や環境被害に対して先手を打った対応ができていることである。実体的側面といえる。そして、法である以上、⑨

は必須である。

　プリズムには、こうした項目が埋め込まれている。私自身の研究にあたっての分析視角でもある。法律や条例にもとづく規制が、どのように説明されるか。通常のテキストなどに書かれていないようなポイントの発掘や説明を心がける。

　本書は、レクシスネクシスジャパンの情報サイトである『Lexis®AS ONE 時事解説』に、2015 ～ 2021 年の 7 年にわたって執筆したエッセイのなかから 50 本を選んで編集したものである。このメディアは、会員制の電子ジャーナルであるために、一般にはアクセスができなかった。このたび書籍の形で改めて出版できるようになったのは、まことに幸いである。転載をご快諾いただいたレクシスネクシスジャパン、そして、旧知のエディターである同社取締役　Director of Content Development の小幡等さんには、深謝いたしたい。同じく旧知のエディターである第一法規出版編集局編集第四部の吉村利枝子さんは、粘り強いご対応で出版を実現してくださり、編集の労もとっていただいた。ご両人は、本書にとって、まさに「父と母」である。構成にあたっては、北村研究室で育った釼持麻衣（日本都市センター研究員）と箕輪さくら（宮崎大学地域資源創成学部講師）両氏のお世話になった。記して謝意を表する。

2021年　国史に残る夏

北 村 喜 宣

目 次

企業環境人の道しるべ
―より佳き環境管理実務への50の法的視点―

凡　例

　本文中で用いている略称につきましては、以下の通りとなります。施行令・施行規則等につきましても、以下の略称に準じます。

〔法令略称一覧〕

法　　令　　名	略　　称
外国為替及び外国貿易法（昭和24年法律第228号）	外為法
化学物質の審査及び製造等の規制に関する法律 （昭和48年法律第117号）	化学物質審査規制法
小売業に属する事業を行う者の容器包装の使用の合理化による容器包装廃棄物の排出の抑制の促進に関する判断の基準となるべき事項を定める省令（平成18年財務省、厚生労働省、農林水産省、経済産業省令第1号）	判断基準省令
使用済小型電子機器等の再資源化の促進に関する法律 （平成24年法律第57号）	小型家電リサイクル法
水銀による環境の汚染の防止に関する法律 （平成27年法律第42号）	水銀汚染防止法
絶滅のおそれのある野生動植物の種の国際取引に関する条約（昭和55年条約第25号）	ワシントン条約
絶滅のおそれのある野生動植物の種の保存に関する法律 （平成4年法律第75号）	種の保存法
ダイオキシン類対策特別措置法（平成11年法律第105号）	ダイオキシン法
鳥獣の保護及び管理並びに狩猟の適正化に関する法律 （平成14年法律第88号）	鳥獣保護管理法
電気事業者による再生可能エネルギー電気の調達に関する特別措置法（平成23年法律第108号）	再エネ特措法
動物の愛護及び管理に関する法律（昭和48年法律第105号）	動物愛護管理法
特定外来生物による生態系等に係る被害の防止に関する法律（平成16年法律第78号）	特定外来生物法
特定化学物質の環境への排出量の把握等及び管理の改善の促進に関する法律（平成11年法律第86号）	PRTR法
特定家庭用機器再商品化法（平成10年法律第97号）	家電リサイクル法
日本国憲法	憲法

法　　令　　名	略　　称
廃棄物の処理及び清掃に関する法律 （昭和45年法律第137号）	廃棄物処理法
暴力団員による不当な行為の防止等に関する法律 （平成3年法律第77号）	暴力団対策法
ポリ塩化ビフェニル廃棄物の適正な処理の推進に関する特別措置法（平成13年法律第65号）	PCB特措法
容器包装に係る分別収集及び再商品化の促進等に関する法律（平成7年法律第112号）	容器包装リサイクル法

総論

環境法遺産？

—環境基本法2条3項にいう「被害」—

● 気になる条文

環境法の条文をみていると、「おやっ？」と感じることが時としてある。そうなると、これまで何気なく読んでいた条文が、気になって仕方なくなるのである。最近の経験は、「被害」であった。

読んでいた条文は、「公害」を定義する環境基本法2条3項である。若干省略しながら同項を示すと、次のようになる。「この法律において『公害』とは、環境の保全上の支障のうち、事業活動その他の人の活動に伴って生ずる相当範囲にわたる大気の汚染、水質の汚濁…、土壌の汚染、騒音、振動、地盤の沈下…及び悪臭によって、人の健康又は生活環境（人の生活に密接な関係のある財産並びに人の生活に密接な関係のある動植物及びその生育環境を含む。…）に係る被害が生ずることをいう。」

● 「被害」は誰の？

「被害」を中心にみると、「人の健康に係る被害」と「人の生活環境に係る被害」となる。前者はよくわかる。たしかに、健康は人格権の内容そのものであり、国民ひとりひとりのものである。この場合の「被害」は、私たちが通常使う意味と同じであり、「被害者」とは、ほかならぬ私たちである。

一方、生活環境はどうだろうか。括弧書きにある財産、動植物、その生育環境は、いくら人の生活に密接に関係しようとも、健康のように特定の人のものではない。財産については、「人の生活と密接な関係のあるものを保護することが人の生活を保護することになる」という解説があるように（環境省総合環境政策局総務課『環境基本法の解説〔改訂版〕』（ぎょうせい、2002年）139頁）、それに関する所有権などは観念されていないのである。しかし、「被害」については、「被害の内容については、騒音、悪臭等による感覚的な被害から人の生命にかかわるものまでを含む」とされる（同前141頁）。ここでは、被害を受けるのは人であることが前提とされている。

そうすると、「人の生活環境に係る被害」という表現は、いささかミスリーディングかもしれない。「生活環境に係る（に起因する）人の被害」とすべきだろうか。

● 「被害」を見る眼

　もっとも、環境基本法は、民事関係を規律する法律ではなく、行政施策の指針などを規定する法律である。そうであれば、損害賠償訴訟や差止訴訟のような場面を想定して「被害」という文言を理解する必要は必ずしもないということになる。

　むしろ、そのように整理すべきであろう。環境基本法には、「公害に係る紛争の処理及び被害の救済」と題する31条のような条文はあるが、これは、同法の構成全体からみれば、異質な規定というべきである。実際、「被害」という文言は、2条3項のほかは31条にしか登場しない。

　同法4条は、「環境の保全上の支障が未然に防がれること」を、発想の根底においている。それがされなかった結果として生活環境が破壊され、人の健康に対する被害が発生するのである。したがって、2条3項の「公害」は、人の健康よりも生活環境に重点を置いて受け止めるべきである。

● 「被害」は「劣化」

　2条3項の規定は、環境基本法の前身である1967年制定の公害対策基本法2条1〜2項を継承している。激甚な環境汚染による生命・健康への加害が深刻であった当時には、人の健康被害を何としても食い止めるという強い想いがあったことだろう。これに対して、環境基本法時代の現在では、よりマクロ的に環境負荷の発生をとらえている。4条に含まれる未然防止アプローチ・予防アプローチは、それへの対応方針を特徴的に表している。「生活環境に係る被害」を発生させないことが重要なのである。そのように考えると、「被害」は「劣化」というほどの意味だろう。

　2条3項は、きわめて歴史的な経緯のある規定である。それゆえに、環境基本法のもとでは、今後も、これを象徴的なものとして存置することが適切であるように感じる。公害対策は、日本環境法の原点である。法律に「遺産」という概念があるとすれば、2条3項は、十分に「環境法遺産」に値する歴史的重さを持っている。

2 責任者は誰だ!?

―環境法遵守の義務者―

● 両罰規定

「環境法の遵守義務は誰にあるのか。」このように問うと、「それは会社だろう。」という答えが返ってきそうである。果たしてそうだろうか。法律を踏まえて考えてみよう。

整理の仕方は色々あるが、ここでは、法律によって課せられた義務の履行責任が誰にあるのかという観点からみてみよう。違反に対して刑罰が科される直罰制のもとでの責任主体である。

環境法のもとでも、企業が刑事責任を問われることはある。しかし、それは、直接的ではないのが一般的である。まずは、当該企業の事業活動をするにあたって、そこで働く従業員が法律違反をするのが前提になっている。たとえば、水質汚濁防止法34条は、「法人の代表者又は法人若しくは人の代理人、使用人その他の従業者が、その法人又は人の業務に関し、前四条の違反行為をしたときは、行為者を罰するほか、その法人又は人に対して各本条の罰金刑を科する。」と規定する。こういう仕組みは、両罰規定と称される。個人に起因する違反により、法人が処罰されるのである。

それでは、違反するのは誰なのだろうか。「それは工場長だろう」という気もするが、水質汚濁防止法34条は、それに限定していない。「その他の従業者」とあるように、要は「従業者」であれば誰でもよいのである。「の」が付いているから、その前にある「法人の代表者又は法人若しくは人の代理人、使用人」というのは、単なる例示になる。

● 違反するのは従業員

水質汚濁防止法12条1項は、排水基準の遵守義務について、「排出水を排出する者は、その汚染状態が当該特定事業場の排水口において排水基準に適合しない排出水を排出してはならない。」と規定する。「排出水を排水する者」である。これは、当該工場において働いているすべての従業員を指している。同法13条1項は、改善命令を規定するが、命令の対象とされるのも、「排出水を排出する者」である。

廃棄物処理法12条の3第1項は、「その事業活動に伴い産業廃棄物を生ずる事業者…は、その産業廃棄物…の運搬又は処分を他人に委託する場合…には、…産

業廃棄物管理票…を交付しなければならない。」と規定する。この義務違反は直罰制となっている。同法27条の2第1号は、「第12条の3第1項…の規定に違反して、管理票を交付せず、…若しくは虚偽の記載をして管理票を交付した者」を1年以下の懲役または100万円以下の罰金に処すると規定する。ここでも、処罰されるのは、「交付しなかった者」「交付した者」であり、それは管理職に限定されるわけではない。同法32条1項1〜2号は法人を処罰する両罰規定であるが、その前提になるのは、そこで働く従業員の違反である。

　もちろん、直罰制の場合、現実には、警察は、下っ端従業員を狙うのではなく、工場の操業について責任を有する工場長のような管理職を対象にするものである。行政が改善命令を出す対象も、施設の代表者である工場長だろう。

● **組織の環境法力が必要**

　たしかにそうではあるが、だからといって下っ端従業員が環境法のコンプライアンスについて認識がなくていいというわけではない。2015年に改訂されたISO14001においては、従うべき環境法についての知識や理解が組織のなかで維持されているかどうかが問われるようになった。

　工場においては、「歩く環境六法」のような人物が存在し、たたきあげのその人にすべてをお任せという状態がしばしばみられる。その人はますます勉強し、ますます頼られる。しかし、その人にも定年はあるのであって、いつかは工場からいなくなる。その人が去った後に組織としての知識力・理解力が激減するとすれば、思わぬ違反によって大きな企業ダメージをこうむる結果になりかねない。

● **全員が責任者**

　工場においては、従業員に対して、環境法研修をする機会も増えてきたようである。ところが、研修講師経験者に聞くと、どことなく「やらされ感」があり、今ひとつ積極的ではないという。

　形式的かもしれないが、工場で働くすべての人が捜査の対象になり、書類送致の対象になり、刑事処罰の対象になり、そして、前科者になりうることを幹部職員は従業員に伝え、意識の向上を図ってもらいたいものである。基礎的な知識は、すべての従業員に必要な時代となってきた。「責任者」とは、幹部職員だけではなく、すべての従業員なのである。

ヨコにもタテにも
―ベストミックスの２類型―

● 政策手法の新たな整理

環境法が対象者に働きかけるアプローチとしては、強制アプローチと任意アプローチがある。前者は、行為の内容を立法者や行政が一方的に決めてその遵守を義務づけるものである。後者は、ある行動選択を期待はすれども最終的には対象者の任意に委ねるものである。

これらは対立概念ではないが、環境規制は、伝統的に、強制アプローチ中心であるとされてきた。深刻な被害を発生させている事業活動への効果的な対応が求められていた時代において、強制アプローチを基調とした法政策が採用されたのは当然であった。

ところで、最近、ポリシーミックスという概念が用いられるようになっている。環境基本法15条にもとづき2018年に策定された第５次環境基本計画は、「多様な政策手法のなかから政策目的の性質や特性を勘案しつつ、適切なものを選択し、ポリシーミックスの観点から政策を適切に組み合わせて政策パッケージを形成し、相乗的な効果を発揮させていくことが不可欠である。」とする。この概念は、最近の環境法テキストの索引にも登場するようになった。

● いいとこ取り

要するに、「いいとこ取り」である。様々な規制手法を総動員して全体として効果的な規制を実現しようというのである。規制手法それ自体は、特に目新しいものではない。それが殊更注目されるのは、これまでの環境法政策が「どちらか寄り」で硬直的であって柔軟性に欠けたということだろうか。

具体例として紹介されるものをみると、政策パッケージというよりも、いくつかの規制アプローチなり規制手法の組み合わせであることが多い。ポリシーミックスというよりも、個別手法のベストミックスと表現する方が、実情には近い。さらに詳細にみると、垂直的に組み合わせているものと水平的に組み合わせているものがある。

● CO_2とベストミックス

前者の例として、東京都の「都民の健康と安全を確保する環境に関する条例」が規定する温室効果ガス排出量取引制度がある。特定地球温暖化対策事業者は、

削減義務期間ごとに算定排出削減量を削減義務量以上にしなければならない（5
条の11）。これは、条例による直接の法的義務づけである。不履行の場合には、そ
れを実現せよという命令がされ、命令の強制履行については、行政代執行類似の
仕組みが規定されている（8条の5）。命令違反は罰金刑に処される（159条1号）。

　これだけであると、たんなる強制アプローチである。東京都の仕組みがベストミッ
クスの例とされるのは、削減義務量実現のために、別途クレジットとして認定さ
れているものを購入して削減不足分に充当することによって義務履行とみなすと
されている点にある。「他人のフンドシで相撲を取る」のであるが、経済的対価は
負担する。この部分は、経済手法である。強制アプローチの枠組みのもとに経済
手法を位置づけるという垂直的ベストミックスである。

● VOCとベストミックス

　後者の例として、大気汚染防止法のもとでの揮発性有機化合物（VOC）規制制
度がある。VOCは、人体影響の因果関係について、定性的な科学的知見はあるが
定量的なそれは不十分とされている。しかし、人体影響に関係するために、何も
しないという選択はできない。コストパフォーマンスがすぐれた対応があるなら
ばその選択を真剣に検討すべきというのが、現代環境法政策の基調となっている
予防アプローチである。

　VOCに関しては、排出施設は届出制とされ、実施制限や計画変更命令、さらに
は、排出基準の遵守義務づけと違反時の改善命令が規定される（17条の4～17条
の13）。命令違反は、懲役刑または罰金刑に処される（33条）。これだけであると、
伝統的な強制アプローチである。VOC規制に特徴的なのは、このアプローチの対
象となっていない事業者の自主的取組も規定するという法政策が宣明されている
点である（17条の3）。水平的ベストミックスといえる。

　自主的取組の対象となるのは、強制アプローチの対象となっていない中小規模
のVOC排出者である。大気汚染防止法は、一般的に、「事業者は、…必要な措置
を講ずるようにしなければならない。」（17条の14）と規定するのみである。これ
が自主的取組である。「ねばならない」とあるが、履行確保の仕組みは規定されて
いない。しかし、形式的には法的義務づけとなっていることから、行政指導や業
界全体の取組みを通じて排出抑制が実現されるのである。一種の「ナッジ」であ
ろうか。

ベストミックスという「容れ物」

―水銀規制を踏まえて考える―

● 多様な政策手法の組合せ

　大気汚染防止法の2015年改正で導入された水銀規制との関係で、ベストミックスについて、改めて整理してみたい。水銀対応は、2013年に採択され2016年に日本が受諾した「水銀に関する水俣条約」の国内実施法のひとつである。大気汚染防止法１条の目的規定には、条約名が記されている。

　ベストミックスについては、確たる定義はない。環境基本法15条にもとづく環境基本計画（第５次、2018年作成）は、「ポリシーミックス」という用語を用い、多様な政策手法を組み合わせて適用することと整理する。基準を義務づけてその履行を強制するアプローチ（規制手法）だけでは限界があるから、多様な規制対象にそれ以外の取組み（主として自主的対応が念頭におかれる）も併せて適用して効果をあげるようにすべきというのである。

● VOCの場合

　「規制＋自主」という組み合わせは、たしかに揮発性有機化合物（VOC）に関する施策実施指針を規定する17条の３に明記されている。VOCは、光化学オキシダントや粒子状物質の生成原因となる点で、人体に対しては間接影響物質である。これは、煙突の先から排出されるばい煙のように、事業場からの排出ポイントが排出口に特定されるのではない。このため、いわゆる「パイプ先での規制（end-of-pipe control）」だけでは対応できない。そこで、大口の排出源である揮発性有機化合物排出施設の排出口「規制」をひとつの柱としつつも、排出・飛散の抑制のためには、同施設を設置する事業場内からの排出口を経由しないルート対策もする必要がある。これを、17条の14にもとづく「事業者は…必要な措置を講ずるようにしなければならない。」という「自主的取組」として行うようにしたのである。また、排出規制が適用される施設の規模に満たないものを有する事業者については、この規定のもとで、排出口対策とそれ以外のところからの排出・飛散対策がされる。VOCに関するベストミックスの特徴は、対策の多様性を主たる理由とするがゆえの「規制＋自主」にある。

● 水銀の場合

　それでは、日本環境法で２番目の適用例とされる水銀規制はどうだろうか。これは、VOCとは、様相を少々異にしている。水銀は、人体に対する直接影響物質

であり、厳格な管理が必要である。「排出ポイントが多様なので自主的取組にする」というわけにはいかない。健康影響に関する因果関係が明らかである。

　大気汚染防止法18条の26は、水銀に関する施策実施指針を規定する。そこでも、「規制＋自主」という組み合わせでの対応が明記されている。問題は、その中身である。VOC規制における揮発性有機化合物排出施設に相当するのは、水銀排出施設である。これは、水俣条約のもとで対応が必要とされる施設である。重要なのは、対象を規定する附属書Dにおいて、製銑用の焼結炉および製鋼用の電気炉が含まれていない点である（石炭火力発電所や廃棄物焼却設備等が該当する）。これが含まれなかった経緯は定かではないが、国内においては、何の対応もしないというわけにはいかない。そこで、これらの施設を要排出抑制施設として政令指定し、自主的取組を求めたのである。これが、18条の37〜18条の38である。水銀規制における自主的取組は、要排出抑制施設について求められる。これは、①水銀排出施設として政令指定される（実際には、施行規則に委ねられる）施設の規模未満のもの、②水銀は排出するがそもそも水銀排出施設のカテゴリーに含まれない施設であるが、具体的に政令指定されているのは、製銑用の焼結炉と電気炉である（施行令10条の3、別表第4の2）。VOC規制は、規模で2つに分けたのに対して、水銀規制については、「カテゴリーという要素」が追加されている。

● ポリシーミックスの進化形？

　VOC規制においては、揮発性有機化合物排出施設設置者とそれも含んだ概念である「事業者」の2つしか対象カテゴリーはなかった（図1）。ところが、水銀規制においては、水銀排出施設設置者、要排出抑制施設設置者、「事業者」と3つのカテゴリーがある（図2）。そして、要排出抑制施設設置者に対しては、「自ら遵守すべき基準を作成」「水銀濃度を測定」「結果を記録」「保存」など、「水銀等の大気中への排出を抑制するために必要な措置を講ずるとともに、当該措置の実施の状況及びその評価を公表しなければならない」。「制度化された約束・履行チェック制度（pledge-and-review）」である。この仕組みは注目されるが、ここまで書き込んでおいて「自主」というのは、言語感覚が国民とは相当ズレている。

　それはさておき、ベストミックスというのは、中立的な容れ物である。そこに充填される内容およびそのロジックは、対象行為・対象物質の性質により多様でありうるのである。他への展開を期待したい。

（図1）VOC規制の対象者　　（図2）水銀規制の対象者

事業者
揮発性有機化合物 排出施設設置者

事業者	
要排出抑制施設 設置者	水銀排出施設 設置者

名は体を表す？

─防止、規制、そして、対策─

● 名称が語る意味

　個別環境法の名称に用いられる用語をみていると、興味深い違いに気づく。ここでは、防止、規制、対策について考えてみよう。何を意図して異なった名称を与えたのだろうか。単なる立法者の好みで決まったのではないはずである。

　典型7公害を例にしよう。地盤沈下を除くと、大気汚染防止法、水質汚濁防止法、悪臭防止法、騒音規制法、振動規制法、土壌汚染対策法である。なぜ、大気、水質、悪臭は「防止」で、騒音、振動は「規制」で、土壌は「対策」なのだろうか。

● ストック型公害

　事象の特性から判断すると、土壌汚染が「対策」になっている理由は明白である。ほかの5つと異なって、土壌汚染はストック型である。すなわち、すでに発生している現在完了形の状態を所与として、それにどのようにアプローチするかが問題となる。防止や規制をするには、「時すでに遅し」なのである。したがって、既存汚染を浄化すること、浄化までは必要ないとしてもそれによる被害を回避することが必要となる。

　土壌汚染対策法のこうした特徴は、同法1条の目的に明確に表れている。同条は、「この法律は、土壌の特定有害物質による汚染の状況の把握に関する措置及びその汚染による人の健康に係る被害の防止に関する措置を定めること等により、土壌汚染対策の実施を図り、もって国民の健康を保護することを目的とする。」と規定する。「防止」という文言が使われているから「防止法」としてもよいのではないかという疑問もあろう。もう少し詳しく規定をみてみよう。「汚染による…被害の防止」とある。汚染は発生しており、そのうえで、健康被害を防止するというのである。したがって、ここでいう「防止」は、「対策」のなかに含まれる。

　環境法の基本は、生命・健康の保護および環境容量を超える環境負荷の未然防止である。土壌汚染への対応としては、健康保護に加えて、土壌汚染そのものの防止をすることもありうる。しかし、日本の土壌汚染法制は、そのような法政策は採用しなかった。必要性は認識しつつも、すでにある土壌汚染による人体被害を回避することに注力するとしたのである。

● フロー型公害

　それでは、防止法と規制法の区別はどこにあるのだろうか。大気汚染、水質汚濁、

悪臭、振動、騒音は、いずれもフロー型である。

　大気汚染防止法と水質汚濁防止法は、規制区域を決めずに全国が対象になるものである。排出基準を設定してその遵守を求め、違反に関して直接刑事責任を問う直罰制を規定している。さらに、違反のおそれがあれば改善命令が発出できるようになっている。環境法の基本的考え方である未然防止アプローチにもとづいて制度設計されている。このように、環境法としては一番厳格なスタンスをとっているから「防止」が冠せられているという気もする。

　たしかに、1970年に制定された水質汚濁防止法はそうであるが、大気汚染防止法については、1968年の制定時には、地域指定制であった。また、改善、命令の発出要件として、排出基準違反に加えてその継続的な排出により被害が発生することという実害要件が、2010年までは規定されていた。それにもかかわらず、「防止法」となっていたのである。もっとも、前身の「ばい煙の排出の規制等に関する法律」と比較すれば、より予防的な見地からの規制をするという認識は存在していた。

　本来は、水質汚濁防止法だけが「防止法」というにふさわしいように思われる。そうであれば、1970年に、大気汚染規制法と名称変更する手もあったかもしれない。しかし、すでに命名していたので今更変更できなかったのだろうか。

● **悪臭防止法の怪**

　そうであるとしたときによくわからないのは、悪臭である。こちらも「防止法」である。同法は1971年制定であるから、水質汚濁「防止法」の基準で命名されたはずである。ところが、水質汚濁防止法とは異なり、地域指定制をとっている。また、改善命令は、基準不適合の事実に加えて、不快なにおいにより生活環境が損なわれていると認められる場合に発出される。これは事後対応である。それにもかかわらず、「防止法」なのである。

　悪臭防止法のこの仕組みは、騒音規制法や振動規制法のそれとよく似ている。命令をするときに、小規模事業者や公共事業への影響に配慮せよという手加減条項が規定される点でも同じである。そうであれば、悪臭規制法としてもよさそうである。目的規定には、「規制＋対策推進」とあるから「規制法以上」ということだろうか。たしかに、騒音規制法や振動規制法には、対策推進はない。水質汚濁防止法と大気汚染防止法も、この基準で説明できるのだろうか。

　中央政府職員による法律解説書は、「防止」と「規制」の違いに関する私の疑問には答えてくれない。しかし、霞が関ムラの整理には、何か理由はあるはずである。法律をあちこちからみて、気長に考えるとしよう。

6 環境規制アプローチの第3の波？

―ESG投資の可能性―

● 第1の波と第2の波

　環境負荷活動をする事業者の行動を社会にとって望ましい方向に変えるためのスキームが、環境規制である。歴史的にみて、そのためのアプローチには、いくつかの段階を確認できる。

　第1は、環境法が「公害法」と称された1960〜1970年代に確立した「命令・管理型アプローチ」である。法律にもとづき、行政が排出基準などの規制基準を設定して事業者にその遵守を義務づけ、違反があれば、改善命令等で是正させるほか、サンクションとして罰則を科す。深刻な環境汚染があったこの時代、それまでほとんど無規制に近かった事業活動に対してドラスティックに対応するためには、このような直接的な手段を法律により規定するほかなかったのである。

　第2は、公害が一段落したとされる1980年代以降に注目されてきた「代替アプローチ」である。何の代替かといえば、上述の「命令・管理型アプローチ」である。その手段の中心は、「お金」と「情報」である。経済手法・情報手法と称される。経済手法としては、排出基準を達成してもそれ以上に削減するインセンティブが生じるように賦課される「排出課徴金制度」が典型例である。情報手法としては、不名誉を世間にさらすことで遵守へのインセンティブが生じるように仕組まれた「違反事実公表制度」が典型例である。もっとも、「命令・管理型アプローチ」に全面代替というわけではなく、実際には、新たな手段の補完的利用が想定されている。両者の「いいとこどり」をする制度は、「ベストミックス」「ハイブリッド・アプローチ」と称されることがある。

● 第3の波としてのESG

　そして、2010年代になり、「第3の波」として、ESG投資が注目されている。いうまでもなく、三つの頭文字は、Environment, Society, Governanceを意味する。確立された定義はないが、「企業への投資は、短期的ではなく長期的な収益向上の観点とともに、持続可能となるような国際社会づくりに貢献する視点を重視して行うのが望ましいとする国連の責任投資原則（Principles for Responsible Investment）を踏まえた投資家の投資行動」といえる。

　以前のアプローチは、いずれも制度設計が法律などでなされていた。実質的に

は、行政が仕切っていたのである。これに対して、ESG投資の主要アクターは、機関投資家である。代替アプローチについては、市場メカニズムを利用する手段という性格づけがされていた。ESG投資もこの点では同じであるが、はるかにスケールが大きい。法律の枠を超えた、あるいは、国境さえも超えたインパクトがあり、環境法などは、その大きな枠組みの一部分を構成するにすぎないようにもみえる。環境規制論の再編が求められているように思われる。

　ESG投資の全貌を把握するのは、きわめて困難である。以下では、誤解があるかもしれないが、環境法研究者としての私が、ESG投資に対して現在抱いている雑感を述べてみよう。

● **環境法学からの評価**

　第1に、社会の持続可能性を強く意識している点である。個々の企業が単純に個別に利潤追求をするだけでは、その企業が存立する社会そのものが破壊されてしまう。個別企業の成長を個別企業だけに任せておくのでは持続可能な社会は形成されないと考えているようにみえる。社会で企業を支えるという視点である。

　第2に、持続可能な社会が、自然体でなされる企業決定により実現されると考えている点である。企業はこれまでも、たとえばCSR（Corporate Social Responsibility）として、倫理的観点から環境を含む社会的課題に貢献しようとしてきた。しかし、これは、投資リターンを犠牲にしてもコミットせざるをえないという消極的動機にもとづいていた。ESG投資は、投資リターンと環境課題解決を同時に追求しようとしている。資金調達のためには、そうした発想を受け入れられるように、企業の「体質改善」が求められている。

　第3に、それぞれの機関投資家が独自の方針や基準を踏まえて個別企業にアクセスするのではなく、共通の目標と言語にもとづいている点である。投資先企業のパフォーマンスを評価する基準が同じになっている。その基本には、現在では、SDGs（Sustainable Development Goals）がある。

　ESG投資は、たんに環境だけを考えているのではない。持続可能な社会の実現に企業がどのように貢献できるのか、そのための企業内ガバナンスはどのようになっているのか。こうした総合的観点から評価される。それだけに、高い評価を得た企業が発揮する環境パフォーマンスは、平均値的な法律規制などをはるかに超えるレベルになっているのであろう。そして、それは、機関投資家だけではなく、環境NGOの注目するところでもある。企業にとって、ESGやSDGsは、アウターウェアではなくインナーウェアとなるものといえよう。

環境法政策の保守性と柔軟性

7

―ミティゲイション、オフセット、バンキング―

● 環境法テキスト日米比較

　概念も体系も異なる日米の環境法である。このため、テキストにおいて解説される内容は、随分と違っている。アメリカの環境法テキスト（の多く）にあって日本の環境法テキスト（の多く）にない事項のひとつは、ミティゲイション、オフセット、バンキングである。上智大学法科大学院において開催された2019年度ソフィア・エコロジー・ロー・セミナー（Ａセミナー）における及川敬貴教授（横浜国立大学）の講演を聴いて、改めてそう感じた。

　ミティゲイションとは、環境に負荷を与える行為に起因する影響を、①回避、②低減、③代償する措置である。①および②は、当該行為が実施される場所に限定されるスポット主義である。一方、③は、空間を超えてなされる。ミティゲイションの③の局面は、オフセットと呼ばれている。

　単純にいえば、Ａという場所の開発により環境破壊がされる場合、それだけでは開発は認められないが、そのロスをＢという別の場所における環境の再生・改善・創出により補填して「±ゼロ（no net loss）」になるのであれば、当該開発を認めるという仕組みである。アメリカでは、湿地の開発に関連して、連邦清浄水法（Clean Water Act）のもとで運用されている。

　ミティゲイション＆オフセットだけであると、それは、開発事業者だけの自己完結的な措置にとどまる。しかし、広く環境の側からものをみるならば、再生・改善・創出という措置は、誰がどのような動機でやってもいいはずである。そこで、誰に頼まれるわけでもなく湿地の再生・改善を行い、それを公的機関に認証してもらうことによってクレジット化し、必要としている開発事業者に売却できるようにする。この仕組みは、バンキングと呼ばれる。

● 日本法のもとでの制度化

　日本法に引き付けて整理しよう。開発の許可を与える際に、許可基準として「開発により喪失される環境と実質的に同等の環境が確保されること」を規定し、許可条件として、「確保された環境の状態が同等以下にならないよう維持されること」を求めるのである。オフセットやバンキングにより再生・改善・創出された環境が求められるレベルを大きく割り込むようになれば、条件違反であるから、許可

は取消しになるはずである。しかし、許可を受けた開発に関しては、種々の既成事実が発生しているから、ちゃぶ台返しをするのは現実的ではない。そうすると、許可取消しをされないためには、金銭支払い、事後的オフセット、バンキングを利用したクレジットの購入といった措置がされれば許可条件違反とみなさないという規定が必要である。なお、バンキングを利用した場合には、民事法関係として、クレジットの売主側に一種の製造物責任なり契約不適合責任が発生するから、十分に機能しないようであれば、買主からの損害賠償請求が考えられよう。あるいは、債務不履行訴訟になるかもしれない。アメリカでは、実際に訴訟も提起されている。

　これは、湿地という土地同士の関係である。しかし、そこに限定する必然性は必ずしもないように思われる。たとえば、建築基準法59条の2が規定する総合設計制度のもとでは、同一敷地に関して、公開空地を設ける代わりに斜線制限の緩和や容積率の割増しが認められている。これはスポット主義であるが、公開空地をする部分を少し減少させて良いとする代わりに、指定される地域内において湿地を再生・改善・創出させるという発想もあるだろう。相当の需要があるのではないか。

● 「時期尚早」

　アメリカの法政策は、相当に柔軟性が高い。自然保護政策を議論するなかで、及川教授は環境省にこの仕組みの検討を提案した。ところが、時期尚早という反応だったそうである。量的保全すらままならない環境省の自然保護行政である。保守的ではあるが、現行制度を最大限活用して保全を図ろうという気持ちはわからないではない。

　しかし、たとえば、自然公園法の目的は、「優れた自然の風景地を保護するとともに、その利用の増進を図ることにより、国民の保健、休養及び教化に資するとともに、生物の多様性の確保に寄与すること」（1条）である。それが可能になるかぎりにおいて、ミティゲイション、オフセット、バンキングのような柔軟な仕組みが絶対排除されるというわけではないだろう。台湾も、湿地保全法のなかで、この制度を導入している。

　日本においても、東京都が制定した「都民の健康と安全を確保する環境に関する条例」のもとでの二酸化炭素排出規制手法のひとつとして、これが導入され、少しの実績はある。環境影響評価法や条例のもとで、本格的に導入してもよいように思う。環境保全という山頂への道は、1本しかないわけではない。

試される本気度！

―ISO14001改訂の意義―

●ISO14001のホンキ

1996年に発行されたISO14001は、2004年に一度改訂を受けている。その後、2011年に再度改訂をすることが合意され、2012年から作業が継続していた。そして、2015年9月15日に、新たなISO14001が発行された。国内的には、同年11月に、JISQ14001として発行された。今回の改訂は、規格の構造や要求事項の追加・強化を含むものであり、この制度の基本思想の根本にかかわるように感じられる。

いうまでもなく、環境マネジメントシステムの仕様を定めるISO14001は、民間規格であり、法的規制の一環ではない。しかし、今回の改訂内容をみると、法的規制の遵守を相当に意識したものになっている。改訂にどのような意図があったのかは知るよしもないが、その内容をみて、あれこれと考えてみた。

伝統的に、環境法は、事業者を規制対象ととらえてきた。行政の指導や命令を受けて、規制基準の遵守をする存在である。いわば、受動的モデルである。これに対して、1990年代から注目されてきたのが、自主的取組としての環境マネジメントシステムである。環境法テキストのなかには、大塚直『環境法〔第4版〕』（有斐閣、2020年）124-130頁のように、相当のスペースをこの説明にあてているものもある。

●PDCAが向かう世界

環境マネジメントシステムは、あくまで任意の仕組みである。いわゆるPDCAの流れを経営のなかに無理矢理つくり、それに組織が慣れることによって、組織の環境パフォーマンスを向上（環境負荷を低減）させることができる。環境の時代といわれる現代において、当然のようにこれに配慮できる自立した佳き事業者をつくるための仕組みといえる。

2015年改訂の序文では、ISO14001が、持続可能な発展のために環境・社会・経済の健全なバランスを実現することが不可欠であると明言されている。さらに、環境マネジメントシステムの成果として、環境パフォーマンスの向上、順守義務の履行（ISO14001は、「遵守」ではなく「順守」の語を用いる）、環境目標の達成が明記されている。そして、トップマネジメントが、環境マネジメントを組織

の事業プロセスや戦略的方向性・意思決定に統合し、環境上のガバナンスを組織の全体的なマネジメントに組み込むことが求められている。

● 順法性維持の強化

今回改訂の特徴のひとつは、「順法性維持の強化」であるといわれる。①組織が順守しなければならない法的要求事項、②組織が順守しなければならない又は順守することを選んだその他の要求事項の順守が求められている。これは、明らかに、法律以上の対応を自主的に選択することを意味している。

①については、法令の規定ぶりからみて訓示規定（例：努めるものとする）であるものも含まれている。これをも「順守義務あり」と整理して活動するというのである。また、②に関しては、環境マネジメントシステムに関連する利害関係者を特定して、そのニーズや期待について組織に順守義務があると認識するというのである。そして、それを実現するための力量のあるスタッフを、組織として教育・訓練しなければならない。「ベテラン社員の個人的職人芸」では不十分なのである。

環境行政にとっては、事業者が自主的に法令順守に取り組んでくれるのであるから、モニタリングコストを抑制できて歓迎であろう。環境行政の側からみれば、2015年改訂には、規格が公的規制の一部となったように映るのではないだろうか。

● 半分が不合格！

しかし、ISO14001の2015年改訂は、そうした小さなとらえ方を超えた含意があるように思われる。事業者として、法令順守は当然であり、行政のモニタリングは、関係ないといえば関係ない。地域コミュニティや市民社会と良好な関係を保持しつつ事業を継続するのは、事業者としては当然のことである。それに配意して順守内容を決定するのは、社会を一方当事者とする環境管理協定を締結しているようなものである。

こうした取組みがされていないと、認証を得ることはできない。あるISO14001審査員に、「ISO14001の認証を受けている組織のどれくらいが2015年改訂のハードルをクリアできるか」と聞いたが、「直感的に半分くらい」ということであった。

会社のイメージアップのために一種の宣伝としてISO14001を取得していた事業者もあるだろう。この改訂に対応するかどうかは、環境に対する真剣さが試される重要な局面である。

見た目で判断するなかれ
―計画変更命令付き届出制の構造分析―

● 「届出」の法的性質

　法律のなかで、一定の目的の観点から、行政に書類の提出や情報の提供が規定される場合がある。法令用語としては、「届け出る」という文言が用いられることが多い。この行為の法的性質について、少し考えてみよう。

　「届出」という行為については、行政手続法が定義をしている。同法2条7号によれば、「行政庁に対し一定の事項の通知をする行為（申請に該当するものを除く。）であって、法令により直接に当該通知が義務付けられているもの（自己の期待する一定の法律上の効果を発生させるためには当該通知をすべきこととされているものを含む。）」とされる。「申請に該当するものを除く」とある点に注意しよう。「届出」と性質を同じくしてはいるけれども、たんなる情報の伝達以外の機能を持っているものが「申請」であり、それは、「届出」とは別のものとして整理するというのである。

　その「申請」であるが、同法2条3号は、「法令に基づき、行政庁の許可、認可、免許その他の自己に対し何らかの利益を付与する処分（以下「許認可等」という。）を求める行為であって、当該行為に対して行政庁が諾否の応答をすべきこととされているものをいう。」と定義する。エッセンスは、「授益的行為の要求と行政の応答義務」である。これら機能を持つ行為は、たとえ「届出」という文言が用いられていても、行政手続法上は「届出」にはならない。逆にいえば、そうした内容を伴わない行為は、どのような文言が使われていようとも、「届出」となるのである。

● たんなる情報の伝達

　具体例をみてみよう。PRTR法5条2項は、第1種指定化学物質等取扱事業者に対して、同物質の排出量および移動量を、毎年、主務大臣に届け出なければならないと規定する。この届出の懈怠に対しては、同法24条1号により罰則が科されるから、義務であることがわかる。まさに、行政手続法2条7号にいう「届出」である。同法37条は、必要書類の添付など形式的要件が充足された届出がなされれば、義務者の義務は履行されたとされる。文言は異なるが、水銀汚染防止法24条が水銀含有再生資源管理者について規定する「報告」（違反には33条3号により

罰則）も、行政手続法2条7号にいう「届出」である。これを第1のタイプとしよう。

● 「申請」としての「届出」

これに対して、「届出」という文言を使用しているけれども、その法的性格は行政手続法上の「申請」と解されるものもある。特定外来生物法21条は、未判定外来生物の輸入にあたって、主務大臣への「届出」を義務づけている。しかし、同法は、無届行為それ自体を刑罰の対象にはしていない。一方、同法22条によれば、この届出がされると、主務大臣は、生態系被害を及ぼすおそれがあるかないかを判定し、その結果を6ヶ月以内に通知しなければならない。応答が義務づけられているのであるから、これは、行政手続法2条3号にいう「申請」である。化学物質審査規制法3条にもとづく「届出」も、この第2のタイプである。届出と行政の判断のこの仕組みは、一種の許可制である。仕組み全体をみるならば、行政手続法にいう「申請に対する処分」といえる。

● この「届出」はどちらに？

それでは、水質汚濁防止法5条の「届出」はどうだろうか。同法32条は、無届行為を処罰するから、第1のタイプのようにみえる。しかし、届出がされた後、都道府県知事は、同法8条にもとづき、届出に係る計画で排水基準を遵守できるかを審査して、それが難しいと判断すれば、行政手続法2条4号にいう不利益処分である計画変更命令が出せる。命令が可能なのは、届出後60日以内であり、命令がされずに期間が経過すれば、適法に排水ができる。そうすると、第2のタイプの「申請に対する処分」のようにもみえる。しかし、排水が適法に行えるという状態が実現されるのは、知事が積極的に処分をするのではなく、何もしないことによるのである。このような場合に、「届出」を「申請」と理解するのは難しい。

モデル的事例を想定すればそうなるのであるが、計画変更命令付き届出制が許可制に近い仕組みとして理解されていることを前提にすれば、第2のタイプとみるべきではないか。少々技巧的解釈であるが、「何もしないという決定を求める申請に対して、結果として何もしないという決定をした」とみるべきだろう。それにしても、整理が難儀な仕組みである。

10 ▶ 規定しわすれか、やりすぎ懸念か？

―産業廃棄物搬出停止命令を考える―

● 規制基準違反への対応

環境法を眺めていて、「なんでだろう？」と思いつつ、詰めて考えられずにいる疑問がある。

「廃棄物処理法のもとで、委託基準に違反したりマニフェスト義務に違反したりしている産業廃棄物の排出事業者に対して、発生した産業廃棄物の搬出停止命令が規定されていないのはなぜか？」である。

廃棄物処理法だけをみれば、それほど違和感はないのであるが、ほかの環境法と比較するにつけ、それを感じてしまう。少し考えてみよう。

水質汚濁防止法を例にする。同法のもとで、特定施設を設置する特定事業場には、排水基準の遵守義務が課されている（12条1項）。これに違反すれば、排出水の排出の一時停止が命じられることがある（13条1項）。

事業場の操業を停止するかどうかは任意であるが、一時停止期間内に、排水基準の遵守が可能になるような改善を関係施設に対して施すことが期待されている。命令違反に対しては、水質汚濁防止法上、最も重い罰則が科されているから（30条）、立法者は、排水一時停止命令を、まさに最後の手段と位置づけていると考えられる。停止命令は有期であるから、期間経過後に排水を開始するのは可能である。しかし、排水基準が遵守できない状態に変わりがないとすれば、再度の排水停止命令が出される。現実には、排水基準を遵守できる状態にしないかぎり、操業は不可能である。

● 「ない」理由

水質汚濁防止法のもとでの「排出水」は、廃棄物処理法にいう「廃棄物」である。実際、法体系上の整理として、前者は後者の特別法となっている。したがって、特別法に規定されているからといって一般法にも規定されなければならないというわけではない。それでは、廃棄物処理法に産業廃棄物の搬出停止命令制度がない理由は何だろうか。

第1には、廃棄物処理法の前身の清掃法時代から、公衆衛生という保護法益には重点が置かれていたため、搬出停止となると、場内で不適正保管がされるのは明白であり、結果的に法目的の実現にとって適切ではない。たしかに、水質汚濁防止法の場合、禁止されるのは公共用水域への排出であるから、たとえば、特定

事業場において発生した汚水をタンクローリーで搬出して適正処理するという方法はある。このかぎりにおいて、特定施設は操業可能なのである。産業廃棄物の搬出停止は、事実上、事業場の操業停止を意味するため、比例原則に反して違法と考えられたのかもしれない。

　第2には、「事業者は、その産業廃棄物を自ら処理しなければならない」（11条1項）のであるが、これは、適正料金を支払って委託処理することも含意している。実際、それが大多数である。委託基準違反やマニフェスト義務違反は、それを是正すればよいのであって、搬出停止をしてすべて場内で最終処分までをせよというのは、比例原則に反して違法であろう。そうした義務違反という要件を搬出停止という措置に結び付けるロジックも不明確である。水質汚濁防止法の場合、汚水浄化施設が場内にあって、それが機能して排水基準が遵守できるのである。場外搬出が原則である産業廃棄物処理の実情に鑑みれば、搬出停止命令は、苛酷に過ぎる義務履行確保措置であろうか。

● **廃棄物処理法のココロ**

　そのように考えると、廃棄物処理法の立法者がどのように考えたかはさておき、産業廃棄物搬出停止命令を規定するのは、やはり無理という結論になる。もっとも、排出事業者処理責任があることの自覚が著しく欠ける企業に対してこのような措置を講じたいと規制者たる行政が考えるとすれば、その気持ちもわからないではない。

　廃棄物処理法は、産業廃棄物排出事業者に関して、マニフェスト義務違反に対する勧告・公表・命令（12条の6）、委託基準違反による不法投棄の場合の原状回復命令（19条の5第1項2号）、委託基準違反に対する罰則（26条1号）を規定している。そこで、これら措置を厳格に講ずることによって優良な排出事業者をつくるというのが、廃棄物処理法の考え方なのだろう。

11 環境影響評価法のキモ
―許認可に付される条件の意義―

● 付条件の重要性

　環境影響評価法にもとづく環境アセスメント制度の本質はどこにあるのだろうか。さまざまな見方があるだろうが、私は、33条2項各号にある「必要な条件を付することができる」という文言が重要ではないかと思っている。おそらくは、意外な見方かもしれないので、説明したい。

　「環境はいったん汚染・破壊されると回復が困難である。そこで、環境に悪い影響を与える活動を行う際に、事前に環境に対する影響を調査・予測・評価し、その情報を公表して関係者に意見表明の機会を与え、その結果を当該活動に反映させる」。交告尚史＋臼杵知史＋前田陽一＋黒川哲志『環境法入門〔第4版〕』（有斐閣、2020年）177頁は、環境アセスメントの必要性をこう説明する。環境影響評価法は、この発想を法制度にしたものである。

　反映させるのは、事業者である。どのような配慮が必要と考えるかは、調査・予測・評価をしたあとで判明する。手続的には、準備書の段階であろう。そのときになって、「このように事業を実施せよ」「それができそうにないなら許認可を拒否する」というのでは後出しジャンケンであり、合理性に欠ける。実体的規制をしたいのならば、事前になすべきことを明示しておかなければならない。抽象的ながら、33条3項が念頭におく法律は、環境配慮を申請者の義務としており、それがされていない申請は拒否される（例：公有水面埋立法4条1項2号・3号）。

● 配慮の担保措置

　とはいえ、調査・予測・評価を通じて価値のある環境の存在が明らかになった場合には、それに対して何の配慮もしなくてよいというわけにもいかない。行政指導を通じて求めるのでは、確実性がない。そこで、環境影響評価法33条2項各号は、許認可にあたって、「必要な条件を付することができる」と規定している。環境アセスメント制度のポイントは、条件を付けられるというこの規定にあるような気がする。「許可はするけれども、このような条件を遵守することも義務づけられ、それがされないならば許可の事後的取消しもありうる」というわけである。

　もっとも、中央政府の解説書である環境影響評価研究会（編）『逐条解説環境影響評価法〔改訂版〕』（ぎょうせい、2019年）の該当頁（212頁）は、「必要な条

件を付することができる」という部分について、何の解説も加えていない。おそらくは、私のようには整理しないのであろう。

● 条件の実際

それでは、現実の許認可において、どのような条件が付されているのだろうか。これをみれば環境影響評価法の「効果」がわかるように思うのであるが、実は、入手可能な情報がない。

環境省のウェブサイトには、環境影響評価の実施状況などがアップされている (http://assess.env.go.jp/)。これは、環境省の権限に関する情報にかぎられる。許認可は別の省の大臣が出したものであるからか、その情報はアップされていないのである。条件が付されたのかどうか、どのような条件だったのかは、直接には知ることができない。実は、環境省も知らない。

● 環境大臣見解と条件の関係

環境影響評価法23条は、許認可権者に対して、環境大臣が環境保全の見地からの意見を述べることができると規定する。許認可権者は、事業者に対して、環境大臣意見を勘案して意見を述べる。それを踏まえて事業者は評価書を確定させる。評価書は、許認可申請にあたっての図書として提出される。

内閣において、環境保全の見地からの意見は環境大臣からしか出されない。したがって、それを踏まえた許認可権者の意見を事業者がどの程度取り込んで申請内容としたかが問題になる。環境影響評価法33条によれば、環境保全についての適正な配慮がされているかどうかを判断するのは、許認可権者である。環境大臣意見を勘案して出した自らの意見が反映されたかどうかは、ポイントのひとつである。必ずしも十分でなければ、それを条件とするのだろう。

情報公開請求をすれば、少なくとも許認可書は入手可能である。そのなかに条件が付されているとすれば、それを環境大臣意見と照らし合わせる。それがなければ、確定評価書においてそれがどのように反映されたかを確認する。たしかに、環境影響評価法の効果をチェックするひとつの方法である。しかし、黒塗りされる可能性もある。そうなれば、情報公開審査会に対して審査請求をすることになるが、作業量の膨大さに、足がすくんでいる。

根拠はどこに？

─報告徴収および立入検査の受忍義務─

● 直罰制度の前提義務づけ

　「直罰制度」と呼ばれる仕組みがある。法律で一定の事項を事業者等に義務づけ
ておき、その履行がない場合に、直接にその刑事責任を問う仕組みである。行政
からの告発を受けるほか、警察は独自の捜査により立件できる。

　たとえば、水質汚濁防止法12条1項は、「排出水を排出する者は、その汚染状態
が当該特定事業場の排水口において排水基準に適合しない排出水を排出してはな
らない。」と規定し、この規定に違反した者は、同法31条1項1号により、「6月
以下の懲役又は50万円以下の罰金に処する。」とされる。

　ところで、個別環境法において、さまざまな場面で用いられているこの直罰制
度について、私がかねてより理解できないでいるのが、報告徴収および立入検査
についてのものである。水質汚濁防止法でみてみよう。同法22条1項は、「…都道
府県知事は、この法律の施行に必要な限度において、政令で定めるところにより、
特定事業場若しくは有害物質貯蔵指定事業場の設置者若しくは設置者であつた者
に対し、特定施設若しくは有害物質貯蔵指定施設の状況、汚水等の処理の方法そ
の他必要な事項に関し報告を求め、又はその職員に、その者の特定事業場若しく
は有害物質貯蔵指定事業場に立ち入り、特定施設、有害物質貯蔵指定施設その他
の物件を検査させることができる。」と規定する。そして、同法33条1項4号は、
「第22条第1項…の規定による報告をせず、若しくは虚偽の報告をし、又は同条第
1項の規定による検査を拒み、妨げ、若しくは忌避した者」を「30万円以下の罰
金に処する。」と規定する。

　排水基準の場合には、義務づけ内容ははっきりしている。構成要件明確性の原
則に照らしても問題はない。

● 義務はいずこに

　ところが、報告徴収と立入検査の場合には、義務づけの内容が曖昧なのである。

　水質汚濁防止法22条1項からは、報告徴収をしたり立入検査をしたりする権限
が知事にあることは明らかである。しかし、これは、知事に権限があることを示
しているだけであり、それらを求められた事業者の側に、これに服従する法的義
務があることは何ら規定されていない。それにもかかわらず、報告をしなかった

り検査を拒否したりすれば刑事責任を問われるのである。これは構成要件明確性の原則に反するのではないだろうか。

● **不文の法規範？**

「虚偽の報告をしてはならない」というような義務づけ規定もない。ただ、これについては、いわば条理として、そうした禁止規定があるといえないことはない。もっとも、刑事責任を問うのであるから、当たり前のことであるとしても明記すべきであろう。当たり前ともいえない報告徴収と立入検査については、余計にそうである。

知事から求められたら、その瞬間に服従義務が発生するのだろうか。知事が立入検査をしたいといえば、当然に受忍義務が発生するのだろうか。そうであるとしても、それを規定する条文が必要と考えるべきではないだろうか。法律の規定なしに行政の意思決定に法的拘束力を認めるというのは、法治主義に反するあまりに権威主義的な理解である。

● **適切な規定例**

もっとも、例外もある。たとえば、自然環境保全法31条5項は、「土地の所有者若しくは占有者又は木竹若しくはかき、さく等の所有者は、正当な理由がない限り、第1項の規定による立入りその他の行為を拒み、又は妨げてはならない。」と規定し、同法56条5号は、「第31条第5項の規定に違反して、同条第1項の規定による立入りその他の行為を拒み、又は妨げた者」を「30万円以下の罰金に処する。」と規定する。本来は、このような規定ぶりであるべきである。

これが例外であるとすれば、このような規定は確認規定ということになる。すなわち、必ずしも規定しなくてよいものを規定しているのであって、むしろ適切さを欠くのであろう。

しかし、その感覚のほうが異常である。報告徴収や立入検査の違反に関する刑事訴追など聞いたことがないが、万が一あったとすれば、被告人を応援してあげたいところである。

「ないこと審査」の難しさ

13 ▶

―廃棄物処理法と欠格要件―

● 無実の証明？

　何かの申請をする際に、自分にはこういう基準をクリアしている事実を証明しようと思えば、それを認定してくれる客観的データを提示すればよい。運転免許を持っているとか、英検準二級を持っているとかである。

　ところが、自分にはこういう基準に該当しないことの証明は、案外難しい。廃棄物処理法のもとでの産業廃棄物処理業許可で考えてみよう。「…である者」のような規定ぶりを積極要件といい、「…でない者」のような規定ぶりを消極要件という。

● 暴力団条項

　産業廃棄物処理業許可の根拠条文は、廃棄物処理法14条である。許可基準のうち、主たるものをみると、同条5項2号イは、7条5項4号イからチまでのいずれかに該当する者とする（積極要件）。ロは、暴力団対策法2条6号に規定する暴力団員またはそれでなくなった日から5年を経過しない者とする（消極要件）。7条の要件は一般廃棄物処理業に関するものであるが、それが産業廃棄物処理業についても準用されている。14条5項2号ロは、暴力団条項を追加する。

　積極要件については、申請者が関係資料を提示することで、適合性をまさに積極的に立証しようとするだろう。ところが、消極要件については、それが「ちょっとまずいこと」に関係することもあって、該当性を進んで申告するインセンティブはない。そもそも、該当するのが明白であれば、申請しても不許可になるから申請しない。多少「身に覚え」があるとしても、それを伏せたまま申請するのが通例であろう。

　申請を審査する行政は、申請者を市場に入れるかどうかについて重大な役割を負っている。ゲートキーパーなのであって、審査がユルユルであれば、法制度の根幹にかかわってしまう。

● 頼りは警察情報

　暴力団条項について、廃棄物処理法23条の3〜23条の4は、行政は警察に照会をして該当性情報を入手し、それをもとに判断できると規定する。警察情報の信憑性はさておき、行政としては、とりあえず安心して事案を処理できる。破産手続開始の決定を受けて復権していないとか、所定の罪を犯して刑罰が確定したとか、

行政処分を受けたといった事実も、公的ネットワークを使えば調査可能である。

●「心身の故障」の場合

ところが、2019年の法改正で規定された「心身の故障によりその業務を適切に行うことができない者」（7条5項4号イ）は難しい。施行規則2条の2の2は、「精神の機能の障害により、廃棄物の処理の業務を適切に行うにあたって必要な認知、判断及び意思疎通を適切に行うことができない者」と規定するが、曖昧さは変わらない。改正前は、「成年被後見人若しくは被保佐人」とされていたが、「成年被後見人等の権利の制限に係る措置の適正化等を図るための関係法律の整備に関する法律」により改められた。成年被後見人等であることを理由に不当に差別されることのないよう、一律に欠格としないというのが改正趣旨である。廃棄物処理法だけではなく、成年被後見人条項を持つ法律が改正された。

これまでは、成年後見登記制度を利用して該当性を判断できた。今後はそれだけでは不十分であり、より詳しくチェックせよというのである。ほぼ不可能であろう。

● 不誠実条項の場合

「その業務に関し不正又は不誠実な行為をするおそれがあると認めるに足りる相当の理由がある者」（7条5項4号チ）の認定も難しい。環境省は、『行政処分の指針』というガイドラインを示し、ある程度の具体化はしているが限界はある。

● スルーは不可避

申請者に対しては、「私は消極要件には該当していません」という誓約書を提出させて牽制球を投げるが、申請しようとする者がそこに真実を書くはずはない。そうすると、結局は、消極要件については、審査ができないままに許可がされてしまう。許可制は、鉄壁ではない。客観的にみて該当する事案がスルーされることもあるだろう。

もちろん、現行法が無防備なのではない。不正申請それ自体は犯罪であるから（25条1項1号：5年以下の懲役・1,000万円以下の罰金）、相当の抑止効果があると考えるのだろう。また、事後的にその事実が判明したら、許可は取り消さなければならない（7条の4第1項6号）。したがって、不実申請という危ない橋を渡ろうとする者はおらず、十分に基準を充たす人を立てて申請するだろう。

そうであるとしても、許可制だけをみるかぎり、許可基準としての積極要件と消極要件には、審査にあたって、ちょっとした違いがある。同じ基準であるのに、おもしろいものである。

制度的強殺？

―PCB使用製品と「みなし廃棄物」―

● **評価激変！**

　かつてはもてはやされたのに、今では邪魔者として忌み嫌われる。まったく人間のご都合主義であるが、そうしたものは、環境法においても、確かに存在する。石綿（アスベスト）がそうであるし、フロンガスもそうであろう。さらに、PCB（ポリ塩化ビフェニル）もそうである。

　PCBは、水にきわめて溶けにくく、沸点が高いなどの物理的性質を有する物質である。また、難分解性、高不燃性、高電気絶縁性など、化学的にも安定な性質を有することから、電気機器の絶縁油、熱交換器の熱媒体、ノンカーボン紙など様々な用途で利用されてきた。そのかぎりにおいては、きわめて有用な物質であった。

　ところが、脂肪に溶けやすいという性質から、慢性的に摂取されると体内に徐々に蓄積し、様々な症状を引き起こすことが報告されている。PCBが大きく取りあげられる契機となった事件として、食用油の製造過程において熱媒体として使用されたPCBが混入し、健康被害を発生させたカネミ油症事件がある。これを契機に制定された化学物質審査規制法によって、現在では、製造・輸入ともに禁止されている。

● **ストックPCB対応**

　問題は、すでに製造されたPCBである。これには、利用が終了して廃棄物となったが処分されていないものと、今なお製品として利用がされているものとがある。これらに対する規制は、PCB特措法により実施されている。とりわけ問題となるのが、高圧トランス、高圧コンデンサ、安定器などに使用された高濃度PCBである。

　これに関しては、国家として、何が何でも適正処理するという方針のもとで、「中間貯蔵・環境安全事業株式会社」（JESCO）という国策会社が設立され、高濃度PCB廃棄物の処理を実施することになっている。処理が必要として届け出られているものを使用中のものと廃棄物となったものに分けて整理すると、2016年時点で、トランスが「600台/6,000台」、コンデンサが「6,000台/112,000台」、安定器が「95,000台/460万台」である。これらは、全国に散在するが、エリアごとの処理施設において処理がされることになる。トランスとコンデンサについては、全国5か所の事業場での処理となる。

● 最早猶予なし

通常の産業廃棄物であれば、「いつまでに処理する」というルールはない。排出された事業場内に適正に保管されているかぎりは、そこからいつ搬出するかについて制約はない。どのエリアで処分するかは自由である。この点で、高濃度PCB廃棄物は、大さく異なる。

2001年に「残留性有機汚染物質に関するストックホルム条約」が採択され、2004年に発効した。その内容のひとつとして、PCB含有機器については、2028年までに処理を完了する努力義務が加盟国に課されたことがある。PCB特措法は、この条約の国内実施法のひとつである。そこでは、高濃度PCB含有製品を廃棄物として保管し、あるいは、製品として使用している者に対して、それを2027年3月末までに処分することが義務づけられている。

● キミがせぬならオレがやる

廃棄物に関しては、ずっと保管していないでさっさと処分せよというのはわかる。特徴的なのは、現在も使用されている製品に関する措置である。PCB特措法18条3項は、「処分期間内…に廃棄されなかった高濃度ポリ塩化ビフェニル使用製品については、これを高濃度ポリ塩化ビフェニル廃棄物とみなし、この法律及び廃棄物処理法の規定を適用する。」と規定する。使用されているかぎりは不要物ではないから廃棄物ではないはずであるが、これを無理やりに廃棄物にしてしまうのである。期間内の処理が至上命令であるとしても、何とも強引な対応である。期限到来による「みなし廃棄物」であり、保管廃棄物に関する規定が準用される（19条）。

期限が到来すれば、使用をしていたとしても、それは法的には廃棄物となる。そして、期限が到来しているから処分義務が発生し（10条）、それがされなければ改善命令が出される（12条）。命令違反には、3年以下の懲役もしくは1,000万円以下の罰金が科される（33条1号）。対応がされなければ、行政代執行により履行される（13条）。

使用開始時には適法であったものが、事後的に違法となる。そのこと自体の責任は、使用者にはないのである。しかし、現に占有していることから、このような重い責任が課されている。処分には、PCB製造者の出捐により造成された基金からの補助もあるけれども、何ともやりきれないだろう。財産権の内在的制約の範囲内なのだろうが。

思わせぶりな許可基準
—再エネ特措法施行規則における「条例を含む。」—

● 制約なき「条例」

「法令（条例を含む。）」という文言が、法令に用いられることがある。条例の範囲には、何の制約もない。e-Govで法令検索をすると、22条文（8法、3政令、6施行規則）に規定例がある。そのうちの3条文は、再エネ特措法施行規則にある。

第1は、施行規則5条2項1号である。これは、同法9条3項3号を受けたものである。3号は、再生可能エネルギー発電事業計画の認定基準のひとつであり、「再生可能エネルギー発電設備が、安定的かつ効率的に再生可能エネルギー電気を発電することが可能であると見込まれるものとして経済産業省令で定める基準に適合すること。」と規定する。この経済産業省令が、上記施行規則である。施行規則5条2項1号は、「当該認定の申請に係る再生可能エネルギー発電設備について、当該設備に関する法令（条例を含む。）の規定を遵守していること。」とする。

この規定には、違和感がある。発電の安定性・効率性という基準であるのに、設備関係法令遵守が問題とされているのである。どのような関係があるのか。比例原則の観点から疑問に感じる。

第2は、施行規則4条の2第2項7号「当該認定の申請に係る再生可能エネルギー発電事業に係る関係法令（条例を含む。）に係る手続の実施状況を示す書類」である。これは、認可申請書の添付書類のひとつとして規定される。手続実施状況に関する情報が認可判断に不可欠であるからこそ求められているのであるが、第1で指摘したように、どのような観点から求められるのか判然としない。

● 独立条例とのリンケージ

第3は、施行規則5条の2第3号である。「当該認定の申請に係る再生可能エネルギー発電事業を円滑かつ確実に実施するために必要な関係法令（条例を含む。）の規定を遵守するものであること。」とある。これは、再エネ特措法9条3項2号の基準「再生可能エネルギー発電事業が円滑かつ確実に実施されると見込まれるものであること。」に対応する。これは重要である。たとえば、許可制を規定する太陽光パネル規制条例が独立条例として制定されている自治体における事業の認定申請の場合、「規定を遵守」とは、同条例のもとで許可が得られていることを意味するのだろうか。

ところで、「法令（条例を含む。）」については、施行規則のなかにあと数か所ある。そのひとつは、「10kW未満の太陽光発電事業計画認定申請書」である「様式第2」

である。

　様式第2には、興味深い記載がある。「再生可能エネルギー発電事業の実施において遵守する事項」として「（注）下記事項を遵守することに同意する場合には、下記□内に印をつけること」とある。これは、「事業内容」という欄にある。申請者は、提示されている7項目の遵守事項から任意選択できる。そのなかに、「この再生可能エネルギー発電事業で用いる発電設備を処分する際は、関係法令（条例を含む。）を遵守し適切に行うこと。」「再生可能エネルギー発電事業を実施するに当たり、関係法令（条例を含む。）の規定を遵守すること。」という条例遵守項目がある。

● **契約か法規か？**

　任意選択の意味は何だろうか。確実にいえるのは、この7項目が、許可基準では「ない」ということである。そうなると、前述の施行規則5条2項1号、5条の2第3号との関係が問題となる。どのように考えるべきだろうか。

　第1の整理は、事業計画認定権者である経済産業大臣が申請者に対して7項目の履行を個別にオファーし、申請者がこれを個別にアクセプトするものであり、そのかぎりにおいて行政契約と把握するものである。一方、任意選択項目以外については、法的拘束力がある。法的拘束力のある基準に関する申請と行政契約のアクセプトの両方の機能を併有する文書が様式第2であり、これに対する処分は、認定処分書と行政協定書の両方の機能を併有する文書となる。条例遵守は計画認定とは無関係である。したがって、たとえ条例不遵守があっても、改善命令（再エネ特措法13条）や計画認定取消し（再エネ特措法15条）の要件を充たさない。不遵守対応は民事訴訟によることになるが、条例を遵守というようなアバウトな内容では特定性に欠けるから執行はできない。結局、条例遵守項目は、行政指導程度の意味しかない。

　第2の整理は、任意選択については、これを計画内容の一部ととらえて、認定がされた場合には、申し出にかかる項目の遵守が認定処分によって求められるとするものである。条例遵守項目にチェックをして申請をすれば、それを計画内容とすることを自ら選択したことになる。したがって、条例不遵守があれば、改善命令や計画認可取消しの要件を充たす。ちょうど、デモ行進をする際に、行進するコースを許可申請書のなかで明記するようなものであり、これと異なるコースをとれば、無許可行為として行政法的・刑事法的責任を問われるようなものである。

　ソーラーパネル設置に反対する住民なら、第2の整理を支持するのではないか。しかし、計画内容としての「条例の遵守」というのは、あまりにも不明確であり、法的拘束力を有するのか疑問なしとしない。この点に関する審査基準は作成されていないようであり、制度の真意は不明である。

　いずれしても、曖昧な文言ゆえに理解に苦しむ制度である。法治主義に照らして問題がある。

やらかしの後始末

―環境法における「事故対応」―

16

● マサカに備える

事故を起こそうとして事業活動をする者はいない。しかし、事故は不可避である。その際、環境法は、①誰に対して、②どのような場合に、③どのような対応を求めているのだろうか。事業者としては、危機管理の一環として、こうした想定外の場面における法規制にも意を払う必要がある。

「環境＋事故」で法令検索（e-Gov）をすると、いくつかの法律がヒットする。以下では、このうち、土壌汚染対策法、ダイオキシン法、悪臭防止法、廃棄物処理法、水質汚濁防止法、大気汚染防止法の6法についてみてみよう。

● 多様な射程範囲

第1に、「誰に対して」であるが、すべての場合が、事故にかかる施設設置者が対象である。これは当然であろう。

第2に、「どのような場合」である。もちろん事故に起因するのであるが、義務内容との関係で、違いがみられる。届出義務のみを課す土壌汚染対策法は、処理対象汚染土壌や処理により発生した汚水・気体が流出・浸透・発散したときである（22条9項）。量は不問である。これに対して、ダイオキシン法は、「多量に」である（23条1項）。大気汚染防止法も同様である（17条1項）。この中間的なのが、悪臭防止法である。事故により排出された悪臭原因物が規制基準に適合しないときである（10条1項）。これらの場合には、実質要件は付されていない。これに対し、廃棄物処理法は、「生活環境の保全上の支障のおそれ」を加重している（21条の2第1項）。水質汚濁防止法は、健康被害のおそれも含める（14条の2第1項）。

第3に、「どのような対応」であるが、いくつかのパターンに分けられる。もっとも緩やかなのは、事故事実の届出である。土壌汚染対策法は、それのみを義務づける。それ以上の対応は、他の法律で可能ということだろうか。これに対し、「届出＋応急措置」型は多い。ダイオキシン法（23条1～2項）、悪臭防止法（10条1～2項）、廃棄物処理法（21条の2第1項）、水質汚濁防止法（14条の2第1項）、大気汚染防止法（17条1～2項）である。

● 相違の理由

求めている行為について、「大気系」の大気汚染防止法とダイオキシン法は、い

ずれも、通報は法的義務とするものの、応急措置については「努めなければならない。」というように、訓示規定にとどめている。同じ「大気」といえないではない悪臭について、悪臭防止法は、応急措置を法的義務としている。感覚被害であるためであろうか。

　これら義務が履行されなかった場合の制裁についても、違いがみられる。土壌汚染対策法の事故届出義務違反に対しては、罰則は科されない。ダイオキシン法の通報義務違反についても同様である。廃棄物処理法、水質汚濁防止法、大気汚染防止法、悪臭防止法の応急措置義務と通報義務の違反についても罰則はない。これに対して、命令については、これを規定するすべての法律が、その不履行を刑罰の対象としている。

　特徴的なのは、届出について法的義務づけをしつつも、その違反に対して、刑事責任を問う仕組みになっていないことである。環境法のもとでは、施設設置の届出義務に関しては、その不履行は直罰となっているのが通例である。この違いはどのように説明されるのだろうか。

● **未来形と現在完了形**

　おそらくはこういうことであろう。施設設置の場合には、届出をしなければ特定事業場の操業ができない。適法な状態を実現する必要が大きいから、確実に届出をさせなければならない。届出に係る行為は未来において行われる。

　これに対して、事故時の場合、既にコトは発生している。現在完了であり、とにかく、初動対応をしてもらわないといけないし、情報も収集しなければならない。したがって、応急措置や届出は義務づける必要がある。しかし、構成要件明確性の原則を踏まえると、その違反を直罰にするのは無理である。応急措置に関しては、どのような措置を講じるべきかが一義的明白ではないし、届出についても「速やかに」「直ちに」というタイミングには曖昧さが残る。違反の認定は困難であり、刑事責任を問うのは難しい。事故を発生させたことそれ自体が刑罰の対象となっているわけではないから、「何人も、自己に不利益な供述を強要されない。」という憲法38条1項の自己負罪拒否特権が該当する事例ではない。

　事故発生との時間的近接性には違いがあるが、必要があれば、措置命令が発せられる。土壌汚染対策法には規定がないが、それ以外の5法には規定がある。これがセーフティーネットとして機能しているということであろう。

今に始まるわけでもないが…

―レジ袋有料化・義務化の実像―

● 不正確な報道

2020年7月1日。「レジ袋の有料化・義務化スタート」ということで、その前後において、多くの報道がされた。その直後の店頭では、その旨を知らせる案内が多く見られた。

ところで、新聞などでは、今回の措置が「容器包装リサイクル法の省令改正により」実現したという趣旨の報道がされた。実は、この表現、間違いではないが正確でもない。以下では、その実像に迫ってみよう。結論先取り的に整理すれば、「有料化・義務化は以前から規定されていたが、改正によってそれが実務的に強制執行可能になった」ということなのである。

● 踏み込んだ2006年改正

1995年制定の容器包装リサイクル法は、2006年に大きく改正された。改正に際しては、レジ袋をどうするかが大きな論点となった。結果的に、容器包装利用事業者のうち指定容器包装利用事業者（指定事業者）に関して、主務大臣は、取り組むべき措置に関する判断基準を省令で定め（7条の4）、必要があれば個別の指定事業者に指導・助言ができ（7条の5）、指定事業者のうち年間50トン以上の容器包装を使用する容器包装多量利用事業者（多量利用事業者）に対して報告義務を課し（7条の6）、判断基準を踏まえた対応が著しく不十分ならば勧告、公表、命令ができるとされた（7条の7）。命令違反に対しては、50万円以下の罰金が科される（46条の2）。

罰金まで「突き抜けている」。それなのに、なぜ2006年改正は「レジ袋有料化・義務化」ではなく、7月1日施行された2019年省令改正がそれなのだろうか。

改正された省令は、容器包装リサイクル法施行規則ではなく、「小売業に属する事業を行う者の容器包装の使用の合理化による容器包装廃棄物の排出の抑制の促進に関する判断の基準となるべき事項を定める省令」という長い名称の特別省令である。これは、上記判断基準を定めている（判断基準省令）。

● 曖昧ゆえ作動せず

実は、2006年に制定された判断基準省令には、「商品の販売に際しては、消費者にその用いる容器包装を有償で提供すること」が、容器包装廃棄物の排出抑制

を相当程度推進する取組みのひとつとして規定されていた（2条1号）。したがって、これが履行されていないときには、上記の一連の仕組みが作動して、罰則にまで至るようになっているのである。しかし、この仕組みは、実際には機能しない。それを改めたのが、判断基準省令の2019年改正なのである。なぜ機能しないのだろうか。その原因は、規定ぶりにある。

　2006年省令2条柱書は、対象を「容器包装」とする。容器包装の内容が限定されていないため、ありとあらゆるものが対象となる。それを有償提供するといっても、取組内容を具体的に確定できていないのである。

● 明確化した2019年改正

　2019年改正省令による新判断基準は、この点を明確にした。2条1項柱書は、措置内容を、「消費者にその用いるプラスチック製の買物袋…を有償で提供することにより、消費者によるプラスチック製の買物袋の排出の抑制を相当程度推進するものとする。」と規定したのである。対象はプラスチック製買物袋であり、いわゆるレジ袋に限定されない。有償提供義務付けの適用除外については、持手がないもの、再利用可能な0.05ミリ以上のものでその旨の表示があるもの、生物分解性素材100％使用のものでその旨の表示があるものなどを詳細に規定した（同項柱書・1～3号）。要するに、何をやるべきなのかが明らかになった。多量利用事業者がレジ袋の無償配布を継続すると、最終的には、「無償で配布するな」という罰則付きの命令が出される。まさに、「有料化の義務化」である。

● 対象は多量利用事業者のみ

　ここまでお読みになった方は、「それでは、多量利用事業者でない場合はどうなるの」と疑問を持たれただろう。容器包装リサイクル法のもとでは、実は、「何の不利益措置もない」。指導はされるが、これは従う義務がないのでそれっきりである。

　どうみても多量利用事業者でないパン屋さんのレジで「7月1日からレジ袋有料化」という掲示をみたため、理由を聞いた。「だって、義務ですから。」という。組合の通知や業界誌の情報を踏まえているらしい。もちろん、その自主的決定は評価すべきである。義務化の周辺にある事業者も、多量利用事業者に対する義務化があったがゆえに、その方向に踏み出せたのである。そもそも判断基準の対象外であるクリーニング屋さんについても同様である。袋メーカーが値上げをしているので、転嫁せざるをえないという事情もある。

　同じ有料化であるが、法的義務としてやっているのか、それとも自主的対応をしているのか。事業者においても消費者においても、この区別は認識しておいてよいだろう。

各　論

18 ラーメン店は、飲食店かうどん店か？

―水質汚濁防止法の特定施設―

● キー概念は特定施設

環境法のもとで具体的な施設が規制対象となるかどうかは、それが含まれるカテゴリーがどのように規定されているかによって決まってくる。水質汚濁防止法の排水規制の場合、それが適用されるのは、「特定施設」（2条2項）を設置する工場・事業場である。これを「特定事業場」（2条6項）という。したがって、自分の事業活動に関して、特定施設があるのかどうかが重要になる。特定施設は、水質汚濁防止法施行令の別表第1にズラリとカテゴリー別に列挙されている。そこで、自分の事業活動に関係する特定施設がどこに該当するかを探しにいくことになる。

● 規定のないラーメン店

さて、表題の「ラーメン店」である。別表第1には、ドンピシャあてはまるものは規定されていない。それではフリーかというと、そうでもない。関係する規定が2つある。

第1は、「66の6　飲食店（次号及び第66号の8に掲げるものを除く。）に設置されるちゅう房施設（総床面積が420平方メートル未満の事業場に係るものを除く。）」である。

第2は、「66の7　そば店、うどん店、すし店のほか、喫茶店その他の通常主食と認められる食事を提供しない飲食店（次号に掲げるものを除く。）に設置されるちゅう房施設（総床面積が630平方メートル未満の事業場に係るものを除く。）」である。

ここでのポイントは、ラーメン店が66の7のカテゴリーに該当するかどうかである。何が違うかといえば、かりに該当するとすれば、総床面積500㎡ならば特定施設には該当しないために、水質汚濁防止法の排水規制は適用されなくなるのである。これ以上の規定はないために、解釈になる。

● 濃厚とんこつ vs. あっさり煮干

提供されるのが「麺」である点に注目すれば、ラーメン店はそば店やうどん店と同じと考えてよいのではないかという気がする。しかし、規制対象となる店舗の規模が一般の飲食店よりも大きく設定されている点を考えると、排水の汚濁負

荷の違いが理由であるのは明白である。そうすると、ラーメン店であることだけで「麺類の飲食店」としてそば店に含めるのは問題がある。たとえば、「濃厚とんこつ醤油スープ」であれば、厨房からは、相当に汚濁負荷が高い排水が出されるからである。

それでは、「一般の飲食店」なのかといえば、「ちょっと待ってくれ」というラーメン店が出てくるはずである。たとえば、「煮干しだしのあっさり醤油ベースのラーメン専門店」であり、これなら「そば店」と同じではないかとも思われる。

どちらになるだろうか。水質汚濁防止法の所管官庁である環境省は、どうやら「飲食店」と考えているようである。その理由は、66の7に「ラーメン店」が規定されていないという形式的な整理である。明示的限定列挙と考えるのであろう。

明示的限定列挙説は、少々硬直的な気がしないでもない。しかし、どのようなラーメン店なのかを審査するのは、行政にとっては難事だろう。そうなると、いささか「エイヤッ」ということになるが、「一般の飲食店」のカテゴリーに含めるのは、それなりに合理的な整理かもしれない。そば店でも天ぷらを出すから、飲食店ではないかという気もする。

● **直接放流は可能？**

いずれにしても、総床面積400㎡の「濃厚とんこつスープ」ラーメン店は、特定施設に該当しない。このため、水質汚濁防止法の排水規制対象にはならないので、下水道供用区域でなければ、裏の川に直接放流しても問題はない。

それはおかしいのではないか。直観的にはそう思う。たしかにそうである。水質汚濁防止法のもとでは問題がないとしても、廃棄物処理法が待ち構えているのである。事業活動に起因する汚水を河川に排出する行為は、「何人も、みだりに廃棄物を捨ててはならない。」（16条）に違反する不法投棄となり、「5年以下の懲役・1,000万円以下の罰金」（25条1項14号）の対象となる。水質汚濁防止法は廃棄物処理法の特別法という整理がされているため、いわばセーフティーネットで受け止めているのである。

そうなると、下水道未供用区域における一般家庭からの河川への直接排水はどうなのかが気になる。環境省は、これは不法投棄ではないという。家庭ごみを空き地に捨てれば不法投棄になるが排水はそうではないのは、それが「みだり」ではないからなのだろう。汚水回収にバキュームカーがくるわけではないし、浄化槽設置が義務づけられているからでもないからである。

19

「熱」は冷めたか？

―水質汚濁防止法の規制対象項目―

● 2つの規制項目

　水質汚濁防止法は、特定施設を設置する工場・事業場（特定事業場）からの排水に関して、2つの項目を規制している。第1は、人の健康に係る被害を生ずるおそれのある物質である。施行令をみると、「おそれ」どころか、カドミウムや水銀のように、イタイイタイ病や水俣病の原因物質となったものが指定されている。また、トリクロロエチレンやテトラクロロエチレンのように、地下水汚染で問題視された物質も指定されている。

　第2は、水の汚染状態を示す項目である。これに関しては、水質汚濁防止法2条2項2号が、「水の汚染状態（熱によるものを含〔む〕…）」と規定する。具体的には、同法施行令2条が、12項目を指定する。

● 特記したにもかかわらず

　ここで興味深いのは、わざわざ熱を含めているにもかかわらず、熱は12項目に含まれていないことである。この点に関して、水質法令研究会（編）『逐条解説水質汚濁防止法』（中央法規出版、1996年）144〜145頁は、「なお、熱や色による水の汚染状態を示す項目は、現在までのところ政令で指定されておらず、したがって、総理府令〔筆者註：現在は、環境省令〕による排水基準も定められていない。」と、事実のみを記述する。

● 迷惑至極！

　施行令に熱に関する排水基準が規定されていないことは、自治体の水質保全行政に影響を及ぼす。すなわち、それは国が独占的に決定するのであり、汚染状態として指定されていない以上、自治体が独自に決めることができないのである。

　法令に規定されない項目に関して、自治体が条例を制定して独自に規制をする場合がある。横出し条例とよばれる。水質汚濁防止法29条は、それを確認的に規定する。同条は、いくつかの横出し条例のパターンを整理するが、1号は、同法のもとでの特定事業場から排水規制に関して、「排出水について、第2条第2項第2号に規定する項目によって示される水の汚染状態以外の水の汚染状態（有害物質によるものを除く。）に関する事項」と規定する。2条2項2号にもとづいて政令指定されている項目以外の規制は可能である旨を示している。

　ところが、前述のように、熱は、「第2条第2項第2号に規定する項目によって示される水の汚染状態」に含まれるために、形式的にみれば、横出し条例によって対応できないのである。熱に関するかっこ書きさえなければ、水質汚濁防止法施行令2条で指定されていないかぎり、自治体は自由に横出し条例を制定できるのに、熱が明示されているがゆえにそれができない結果になっている。なぜ、熱を明示したのだろうか。した以上は、施行令で指定して、排水基準を定めるべきではないのだろうか。環境省に照会したが、真相は不明である。上掲解説書は、色についても国が独占的に規制すると考えているようである。

　自治体はいい迷惑である。拱手傍観する以外にないのだろうか。そのような不合理は許されるべきではない。独善的な国を横目に、自主的解釈にもとづいて条例を制定する自治体がある。

● 独自の条例対応

　そうした例として、1991年制定の「和歌山市排出水の色等規制条例」を紹介しよう。同条例は、水質汚濁防止法のもとで特定施設として指定されているもの（例：紡績業又は繊維製品の製造業若しくは加工業の用に供する染色施設）に関して、温度などの排水基準を設け、その遵守を義務づけている。温度については、「排水口における排出水の水温は、摂氏40度以下とする。」とある。これは、水質汚濁防止法にいう「熱」に他ならない。色についても、「排水口における排出水の着色度は、日間平均値80（最大値120）以下とする。」とある。

　形式的には違法であるようにみえる和歌山市条例であるが、国が対応しないことに合理性がないため、実質的には適法と解しうる。熱を特に取りだして規定したときの「熱」は、すっかり冷めたようである。形式的に解して、熱の規制はできないと考える自治体もあるだろう。水質汚濁防止法2条2項2号のかっこ書きの「熱によるものを含み、」という文言は、即刻削除されるべきである。

マサカのお手あげ（その1）

20

―無届操業への対応方法―

● ある教室事例

　水質汚濁防止法は、工場または事業場から公共用水域に排水する者に対し、同所に特定施設を設置する際には、都道府県知事への所定事項の届出を義務づけている（5条）。それをしなければ処罰される（32条）。

　教室事例で考えてみる。A社は、B県内に工場を設置して、C川に排水を開始した。しかも、相当に汚い排水のようである。ところが、A社は、B県知事への届出はしていない。届出のされていない施設から排水がされていることを知ったB県知事は、A社に対して、どのような法的措置ができるだろうか。

　そんなの違法だから処罰すべきだ。そう考えるのが普通であろう。しかし、法律は、そう単純ではない。たしかに、無届けは直罰である。B県は、告発するかもしれない。それを捜査するのは警察であるが、彼らは、A社についての情報を持っているわけではない。そもそも届出対象となる施設が設置されているかどうかがわからない。

● 特定施設があるのかどうか

　こうした内容は行政情報であるから、B県に対して、どのような会社であるのかを照会するだろう。ところが、届出がされていないために、B県にも情報はない。一般に、警察は、直罰の適用にあたって、直接、事業者に情報を求めることはしない。B県が「よくわからない。」と言っているとすれば、それ以上の対応はしないのが通例であろう。

　それでは、行政措置はどうだろうか。水質汚濁防止法の対象施設であれば、排水基準の遵守義務はあるし（12条）、それに適合しない排水をすれば改善命令や排水停止命令が発出されうる（13条）。しかし、それには、特定施設を設置する特定事業場であることが前提となる。それが怪しいとなれば、こうした不利益処分には慎重になるのではないか。

　特定事業場には、排水基準を遵守する義務がある（12条）。採水をして分析をすれば、どのような物質が含まれどのような汚染状態であるかはわかる。しかし、そもそも特定施設が設置されていなければ規制対象とはならないから、水質汚濁防止法上の排水基準違反は観念できない。排水基準の遵守は、特定施設に関する

届出の有無に関係なく適用されるが、行政に情報がない以上、現実には、執行は困難である。

そうなると、届出をしないで排水をする事業場に対しては、水質汚濁防止法上、行政が講じうる手段はないということになりそうである。廃棄物処理法は、廃棄物である「疑いのある物」に関して、報告徴収や立入検査をする権限を都道府県知事に与えているが、水質汚濁防止法には、そうした規定はない。常識的にはおかしな結果になるけれども、水質汚濁防止法だけを考えれば、このような結論になる。

● **廃棄物処理法の出番！**

もっとも、排水というのは、廃棄物でもある。したがって、それを公共用水域に無処理で放流することは、事業活動によって発生した廃棄物を不法投棄しているともいえる。

そこで、水質汚濁防止法としては手が出せなくても、排水を廃棄物処理法の「疑い物」と整理して立入検査をし、廃棄物であるとなれば、同法16条違反の不法投棄として対応することが考えられる。これなら、告発をすれば、警察も、それほどの困難を感じることなく捜査ができる。排水が廃棄物であるならば、水質汚濁防止法は、とくに関係しない。水質汚濁防止法は、廃棄物処理法の特別法と考えられているから、一般法で対応することには、それほどの違和感はない。調査の過程で、水質汚濁防止法上の特定施設が設置されているかどうかがわかるかもしれない。

● **気体には降参**

水質汚濁防止法については、このように整理できるだろう。ところが、大気汚染防止法については、少々難題である。というのも、頼みの廃棄物処理法は、「廃棄物」について、「固形状又は液状のもの」（2条1項）と規定し、気体を除外しているのである。かりに、工場または事業場が、大気汚染防止法上の届出をすることなく、何かわからない施設を設置して排出行為を開始したとすれば、同法上も、廃棄物処理法上も、何の対応もできないことになってしまう。まさに、お手上げである。

もちろん、現実には、工場または事業場の操業開始にあたっては、数多くの法律が関係するから、水質汚濁防止法や大気汚染防止法がスルーされるという事態は考えにくい。しかし、法律単体で考えるならば、こうしたことも起こりうるのである。ありえないことではあるが、頭の体操として考えてみた。

21

マサカのお手あげ（その２）

―非特定事業場の健康項目規制―

● 特定施設でなかりせば

　水質汚濁防止法の規制対象の中心となるのは、「特定事業場」（２条６項）である。これは、「特定施設」（２条２項）を設置する工場または事業場であり、具体的には、同法施行令が規定する。それによれば、「飲食店に設置されるちゅう房施設（総床面積が420㎡未満の事業場に係るものを除く。）」（別表第一「66の６」）とされているものもあれば、「米菓製造業又はこうじ製造業の用に供する洗米機」（別表第一「９」）のように、とくに規模についてふれていないものもある。前者は、いわゆるスソ切りである。営業の自由の保障の観点からすべてを規制対象とする必要がないと考えられる場合、一定以上を対象にするための措置である。比例原則の反映ともいえる。

　そうすると、総床面積420㎡未満の飲食店にある厨房施設は特定施設ではなく、当該飲食店は特定事業場ではないから、排水基準の規制対象とはならない。水質汚濁防止法12条１項は、「排出水を排水する者は、その汚染状態が当該特定事業場の排水口において排水基準に適合しない排出水を排出してはならない。」と規定しており、特定事業場であることが前提になっている。

　それでは、こうした非特定事業場（以下「本件事業場」という。）からの排水は、水質汚濁防止法にもとづく排水規制の対象にならないのだろうか。答えは、「ならない」である。

● 健康項目と生活環境項目

　ここで教室事例を考える。水質汚濁防止法のもとでの排水基準には、有害物質に関するもの（健康項目）（２条２項１号）と汚染状態に関するもの（生活環境項目）（同項２号）がある。このうち、健康項目に関する排水基準は、すべての特定事業場に適用されるが、生活環境項目のそれについては、一定規模以上にしか適用されない。その根拠は、「排水基準を定める省令」別表第二の「備考２」にある。それによれば、「…１日あたりの平均的な排出水の量が50㎡以上である工場又は事業場に係る排出水について適用する。」とある。

　要するに、50㎡未満については、健康項目の排水基準のみが適用されるのである。しかも、この数字は、特定施設ではなく特定事業場に関するものである。事業場

全体からの排水量であるから、特定施設に関してみれば、実質的には、50㎥より
も小さい規模にまで規制はかかることになる。

　本件事業場には、健康項目についても生活環境項目についても、排水基準は適
用されない。かりに本件事業場が、生活環境項目のひとつである水素イオン濃度
(pH) の排水基準値 (5.8～8.6) を超える弱アルカリ性の排出水を排出している
としよう。基準超過の排出は、客観的には排水基準違反である。しかし、そもそ
も排水基準が適用されない事業場であるため、水質汚濁防止法のもとでは、何の
違法行為もしていないことになる。

　たしかに、スソ切りは、一線を隔てて「天国と地獄」という状態を作ってしまう。
これは、仕方ないというべきなのだろうか。

● **再び、廃棄物処理法！**

20▶「マサカのお手あげ（その１）」で解説した際に、廃棄物処理法の適用可能性
を指摘した。ここでも、同様の対応が考えられる。すなわち、排出先の公共用水
域の水質に大きな影響を与えるほどの状態での排水は、「何人も、みだりに廃棄物
を捨ててはならない。」と規定する廃棄物処理法16条違反であり、同法25条１項
14号により、「５年以下の懲役・1,000万円以下の罰金（併科あり）」に処されう
ると考えるのである。

　何が廃棄物になるかが問題になるが、事業活動に伴って排出されたアルカリ性
の排水は廃アルカリであり、廃棄物処理法のもとで産業廃棄物（施行令２条13号）
なり特別産業廃棄物（同２条の４第３号）といえる。したがって、廃棄物処理法
で対応ができそうである。

　しかし、中和処理がされればどうだろうか。廃アルカリでなければ産業廃棄物
ではなくなるから、（事業系）一般廃棄物の液体である。それを公共用水域に排出
する行為は、「みだりに捨てる」と評価できるだろうか。そうでないとすれば、産
業廃棄物処理法でもお手上げである。

22

アスベストを散らすな！

―届出対象特定工事の適正実施確保策―

● 奇跡の鉱物

　過去に建設材料として大量に使用された石綿（アスベスト）。耐火用・断熱用としての吹付け材（レベル１建材）、保温用としての巻付け材（レベル２建材）、屋根や壁の成形板（レベル３建材）として、まさに八面六臂の大活躍であった。

　ところが、この石綿。優れた物質特性を有する一方で、吸入すると中皮種や肺がんを発症させることが明らかになってきた。閾値（どれくらい摂取すると発症するか）が確認されない物質であり、発症までの潜伏期間は数十年ともいわれる。新たに生産・施工・設置はされないが、国内の多くの建築物に、ストック型環境負荷として静かに眠っている。そうした建築物の解体が、2032年頃にピークを迎える。

● 大気汚染防止法の対応

　どの建築物のどの部分にどのような形で石綿が存在しているのか。十分な情報がないままに解体工事をすれば、石綿が周辺に飛散し、周辺住民や作業従事者がこれに曝露してしまう。大気汚染防止法は、1996年改正以降、この課題に向き合ってきた。2006年改正、2013年改正を経て、2020年にも改正された。

　2020年改正の内容は多様であるが、発注者の責任についてみてみよう。石綿を周囲に飛散させずに回収し適正に処理する責任は、当該建築物の所有者にある。環境法の基本的考え方である原因者負担原則の帰結である。ここでは、解体工事の発注者がそれであるとしよう。

　改正法は、解体等工事の元請業者に対して、対象建築物に特定建設材料（石綿）が使用されているかを調査し、その結果を発注者に説明するとともに知事に報告する義務を課した（18条の15）。従来は発注者に対してだけであったが、行政にも情報提供を義務づけたのである。

　調査の結果、使用が判明したとする。発注者は、レベル１・２建材が使用されている建築物の解体をしようとする場合、知事に届け出なければならない（18条の17）。これは、行政との関係における手続的義務である。

● 生命線の適切工事

　飛散防止にとって重要なのは、適正な工事である。そこで、改正法は、特定建

設資材の除去等に関して、具体的な方法を指定し、その遵守を義務づけた（18条の19）。これは、直罰である（34条3号）。工事は短期間に終了するから、「義務づけ→命令→命令違反→刑罰」という命令前置制では対応できない。そのかぎりでは、適切な選択であった。建設業許可取消しとのリンケージも必要であろう。

かつて何もなかったところに法的義務づけがされ、しかもそれが直罰制になるというのは、規制の相当な厳格化といえる。しかし、警察が違反の端緒情報を得るのが困難であることに加えて、この規制のネットワークの中に発注者が含まれていない点が気にかかる。周辺に飛散させないという実体的義務づけは課されているのだろうか。

発注者に対しては、請負契約に際して、作業基準の遵守を妨げる条件を付さないよう配慮する努力義務が規定された（18条の16）。「妨げる」というのは、要するに、「短期間でやれ」「安くあげろ」という要求であろう。もっとも、配慮が果たされなかったからといって、特段の措置が講じられるわけではない。この努力義務は、作業基準の遵守に関するものであり、指定除去方法に関してではない。

● **発注者はいずこに？**

周辺住民にとっては、発注者と元請業者は「一心同体」である。緊急的対応の必要性が高いがために、改正法はこれを直罰制にして、指定除去方法の遵守を義務づけたのである。それにもかかわらず、費用負担を通じて適正処理に決定的な影響力を持つ発注者の姿がみえないのはなぜだろうか。指定された方法だと時間と費用がかかるからそれをするなと要求した結果として違反が発生すれば、発注者は教唆犯となるかもしれない（刑法61条）。

しかし、大気汚染防止法のもとでの義務履行を確実にする方策は、同法において完結的に規定するのが適切である。指定除去方法に従わない工事で石綿が周辺に飛散してしまえば、どうすることもできない。事後的対応は機能しないのであって、それゆえに義務履行を絶対確実にする仕組みが必要である。同法のもとで、発注者の刑事責任を規定するほかないのではなかろうか。解体工事において、元請業者を排出事業者として注文者をネットワークの外に位置づける対応をした廃棄物処理法21条の3と似ている。

石綿除去工事に関する規制は、これで「打止め」にはならないだろう。将来的には、発注者の責任を強化する改正がされるように思われる。その場合、同じストック型環境負荷ではあるが、それを占有しているビル所有者の行政法的・刑事法的責任が、本格的に議論されることになるだろう。

23

考査委員説?
―土壌汚染対策法7条措置の相手方―

● **ある試験問題**

ある試験において出題された事例問題を要約する。

Aは、S県内にある土地「乙」をBから購入して、駐車場として一般利用に供していた。その土地から異臭がするという通知があったため、土壌汚染を疑ったS県知事は、土壌汚染対策法5条1項命令をAに出して土壌汚染状況調査をさせた。その結果、環境省令が規定する基準(土壌環境基準)を超過する汚染が確認された。そこで、乙土地の売買契約を解除すべく、AはBを訴えた。訴訟は継続中である。人の健康にかかる被害が発生するおそれがあるとした場合、S県知事は、土壌汚染対策法にもとづいてどのような措置を講ずることができるか。なお、土壌汚染対策法は、2017年に改正されているが、本問は、改正前の法律を前提としている。

これは素直な問題だと感じた。頭に浮かんだ答案構成は、次のようなものである。ある土地に関して、土壌汚染状況調査の結果、土壌環境基準を超過する汚染が確認され、かつ、その土地に関しては健康被害発生のおそれがあるというのであるから、S県知事は、6条にもとづいて、乙土地を含む区域を要措置区域に指定する。そうしたうえで、7条にもとづき、Aに対して指示および命令を出し、命令の履行がされない場合で状況の放置が著しく公益に反するときには行政代執行により浄化を実施し、要した費用をAから強制徴収する。

● **意外な整理**

ところが、試験のあとで公表された出題趣旨には、これとは異なる整理がされていた。要措置区域の指定までは同じなのであるが、問題はそのあとである。

「S県知事は、同法第7条第5項に基づいて指示措置を自ら行う(簡易代執行)。なぜなら、乙土地の所有権に争いがあるため、『過失がなくて当該指示を受けるべき者を確知することができず』(同法第7条第5項)、同条第1項に基づいて、所有者等や原因者に汚染の除去等の措置を講ずべきことを指示することができないからである。」とあった。

これには驚いた。乙土地の所有権をめぐる民事訴訟が係争しているために、S県知事は、指示の相手方を過失なく確知できない状態にあるというのである。

事例には明記されていないが、AはBから乙土地を購入したのであるから、登記

簿上の所有者はＡになっているはずである。Ｓ県知事が法務局で登記簿を調べれば、Ａが所有者であると確認するのは容易である。

● **民事法関係と行政法関係**

　たしかに、Ａは「ババをつかまされた」と主張して契約解除を求めているのであるが、それは、民事法関係にすぎない。確定判決があれば、それを前提にして対外的にもその結果を主張できるけれども、そうでないかぎりは、あくまで外形に着目した対応をするのが行政法の適用のあり方であろう。

　したがって、Ｓ県知事は、登記簿上の所有者であるＡに対して指示や命令をすればよいはずである。事例問題出題者には、民事法関係と行政法関係の混線があるのではないだろうか。

● **多数説は？**

　この点について、環境省土壌環境課、いくつかの自治体の土壌汚染対策法担当、土壌汚染法制に詳しい弁護士、研究者の意見を求めてみたが、すべてが「Ａに対して指示・命令・代執行をすべき」と回答した。土壌汚染対策法は、基本的に、現在の土地所有者に責任を求める仕組みを規定している。関係者間の調整は、後日、調整すればよいという整理である（8条）。そうであるなら、登記簿に名前があると推測されるＡが対象となるのは当然のようにみえる。

　しかし、出題者は違うという。ところが、なぜそのように考えるのかを、出題趣旨は語っていない。実はこの問題、2017年度司法試験の環境法第1問設問2（1）である。民事訴訟が係属していれば過失なく命令の相手方を確知できないといえるから略式代執行（簡易代執行と同義）の要件を充たすという整理は、注目される解釈である。

　「2017年度司法試験考査委員説」と称してもよい。この説の論者と議論をしてみたいのであるが、それはできない。まことに残念である。

　こうした考え方があると紹介する際には、2017年度司法試験の出題趣旨を引用するほかない。それは、きわめて珍しい出典となる。

24

環境法の月見草？
―騒音規制法の規定システム―

● 野村克也の名言

　「王や長嶋はヒマワリ。それに比べれば、私なんかは日本海の海辺に咲く月見草」とは、2020年2月に他界した野村克也氏の名言である。これになぞらえていえば、「大気汚染防止法や水質汚濁防止法はヒマワリ。それに比べれば、騒音規制法や悪臭防止法は月見草」である。

● 「その他」かスルーか

　いずれも環境基本法2条3項の「公害」として列挙される事象であるが、環境法の授業における扱いはきわめてヒドイものである。「そのほかに、騒音規制法や悪臭防止法もあります」というように言及されればまだいい方であり、スルーされることも決して稀ではない。

　公害紛争処理法のもとでの公害苦情の御三家（2018年度）は、①騒音（32.9％）、②大気汚染（30.4％）、③悪臭（20.0％）である。もっと関心を持たれてよいだろう。そこで、以下では、環境庁大気保全局（編）『新訂 騒音規制法の解説』（新日本法規、1972年）、2018年度の施行実績を踏まえて、古典的な環境法である騒音規制法の概要を解説しよう。

　「古典的」というと、1970年の公害国会で制定されたのかと思われるかもしれない。そうではない。制定は、1968年。その前年に制定された公害対策基本法を受けた国会の対応であった。現在の騒音規制法は、基本的に、1970年に一部改正されたものである。

● 多様な規制対象

　騒音発生源は多様である。騒音規制法は、❶特定工場等、❷特定建設作業、❸自動車の3つのカテゴリーに分けて規制している。これはわかりやすい。❶は恒久的な固定発生源、❷は一過性の固定発生源、❸は移動発生源（自動車、自動二輪）である。

　❶と❷は、都道府県知事が指定する地域内のみが規制対象となる。全国の市町村区の75.3％において指定されている。❶については、市町村長への事前届出制である（6条）。大気汚染防止法や水質汚濁防止法では計画変更命令が出されうるが、騒音規制法では勧告までである（9条）。特定工場等とは、政令指定される特

定施設を設置する工場・事業場である（2条1～2項）。特定施設としては、空気圧縮機が最多である（46.8％）。規制基準の遵守が義務づけられ（5条）、不適合により生活環境が損なわれると認めれば、市町村長は改善勧告・改善命令が出せる（12条）。2018年度における実績は、勧告3件、命令0件であった。「［通達］騒音規制法の施行について」（昭和44年1月30日厚生省環30号）は、勧告・命令の内容として、「工場移転および操業停止は予定していない」「過剰な規制はしないよう」と具体的に記述する。

● 困難な義務履行確保

❷についても、届出制である（14条）。最多は、削岩機使用作業である（67.0％）。❶のように、規制基準遵守の義務づけはされていない。いきなり工事を開始してもよいのであるが、環境大臣が定める基準に不適合となり、「周辺の生活環境が著しく損なわれると認めるとき」に勧告・命令ができる（15条）。❶と同じく、後追い規制である。

❶よりも厳格な要件となっているのは、一時的であるし、その防止が技術的に困難であり、作業場所に代替性がないことのほか、建設工事の施工は多分に地域住民の利害得失に密接に関係するものが多く、ある程度は受忍するほかないと考えられたからである。このように規定されると、勧告などは出しにくい。しかも、トドメのように、「公共性のある施設又は工作物に係る建設工事として行われる特定建設作業」については、「工事の円滑な実施について特に配慮しなければならない。」（15条3項）と規定されると、まずお手あげである。前出通達は、「工法の変更および建設工事の中止は含まれない」「過剰な規制とならないよう」と具体的に記述する。勧告・命令の実績はない。

● 首根っこをおさえる

❸については、たしかに、騒音を発生させるのは個々の自動車であり個々のドライバーである。しかし、ドライバーはどうすることもできない。そこで、騒音規制法は、道路運送車両法にもとづき車両に対する規制権限を持つ国土交通大臣に対して、環境大臣が定める許容限度を充たすような設計基準を策定するように命じている（16条）。ドライバーは、許容限度の達成ができる車両を購入するというわけである。

現に騒音を出す原因者ではなく、その原因となっている製品の製造者に一定の責任を負わせている点で、拡大生産者責任（EPR）に似たところがある。この発想は、半世紀以上前の1968年に制定された公害対策基本法3条2項にも規定されていた。日本環境法の先進性をうかがわせる。

使えないヤツ？

―悪臭防止法の特徴―

● 興味深い仕組み

　悪臭防止法については、におい・かおり環境協会（編）『ハンドブック悪臭防止法〔5訂版〕』（ぎょうせい、2010年）が、詳しく解説をしている（以下の頁数は、同書のそれである）（最新版は、2020年出版の6訂版）。悪臭防止法は、地味な法律であり、環境法のなかにあっても、あまり注目されることはない。しかし、その内容をみてみると、少なくとも現在の時点では、実に興味深い仕組みが残されているのである。

　悪臭防止法が制定されたのは、1971年の第65回国会においてであった。その前の国会は、公害関係14法律が制定・改正された第64回の「公害国会」であったが、悪臭防止法の「法案については、関係各省庁の調整をほぼすませて成案を得たのち、閣議においてその要綱を資料として配付し、大方の了承を得ていたものの、すでに公害国会の会期は残り少なく、結局公害国会提出は見送られた」（5頁）のである。

● 政令指定なき「事業者」

　悪臭防止法は、1972年5月31日に施行された。その後、1995年と2000年に改正がされているが、基本的構造は制定当時のままである。どのような意味で特徴的なのだろうか。

　第1に、規制基準遵守義務が課されるのは、「規制地域内に事業場を設置している者」（7条）であるが、同法は、振動規制法や騒音防止法とは異なって、その内容を政令で具体的に規定していないのである。したがって、移動性や一過性ではなく、特定の場所で事業活動をしているあらゆる者が、事業の種類や規模にかかわらず対象になる。この点については、原因施設を特定することが困難なことが多く、逆に特定してしまえばそれ以外のものが原因となった場合に有効な手を打てないと説明されている（103頁）。

● 後追い規制の理由

　なるほどと納得する理由であるが、これが、第2の特徴の伏線となっている。それは、規制基準違反への対応の場面である。すなわち、市町村長は、基準違反状態があり、かつ、「その不快なにおいにより住民の生活環境が損なわれていると認めるとき」に、原因者と目される事業者に対して勧告ができるのである（8条

1項）。環境法においては、未然防止アプローチが基本とされるべきであり、その
タテマエからすれば、基準違反の段階で勧告ができるようにするのが適切であるが、
「悪臭による被害は人に不快感や嫌悪感を与えるといういわば感覚的な被害にとど
まるのが通例であり一般には悪臭原因物の蓄積による環境の破壊のおそれも考え
られない」（112頁）ために、実害要件が加重されている。実害の発生を待って対
応する事後対応アプローチは、環境法においては批判されるべきものとされてい
るが、技術的理由によりやむをえないというのであろう。

● 手加減条項

　勧告がされ、それが従われないと、命令がされる（8条2項）。ここで第3の特
徴が登場する。すなわち、「市町村長は、小規模の事業者に対して第1項又は第2
項の規定による措置を執るときは、その者の事業活動に及ぼす影響についても配
慮しなければならない」（5項）のである。私は、これを、「手加減条項」と呼ん
でいる。

　どのように「配慮」するのだろうか。この点については、環境事務次官通知「悪
臭防止法の施行について」（昭和47年6月7日環大特31号）がある。そこでは、
「事業場の移転または操業停止は、含まれないこと」とされている。移転はさてお
き、悪臭原因物を発生させている操業を停止できないというのは、いくら比例原
則を踏まえたとしても、のけぞるような理解である。現在、この通知は、たんな
るガイドラインになっているが、これを踏まえて対応する市町村長は、おそらくは、
勧告も命令も出せないだろう。日本の事業者のほとんどすべてが小規模事業者で
あることに鑑みれば、悪臭防止法にもとづく規制は、自発的遵守によってしか効
果をあげえないといってもよいのではないだろうか。

● 頼りは訴訟

　近隣の事業場に起因する悪臭に悩む住民が勧告権限の行使を行政に申し出ても、
手加減条項を理由に、色よい返事は期待できない。そうすると、操業の差止めを
求めて民事訴訟を提起する（あるいは、仮処分を申し立てる）しかない。悪臭を
原因とする民事訴訟は判例集にも登載されているが、いずれも行政法的規制が奏
功しなかった事例であろう。

　行政法規が整備されたのに民事訴訟に頼らなければならないというのでは、住
民は何ともやりきれない。現実にひどい目にあっている住民にとって、悪臭防止
法は、まさに「使えないヤツ」である。

26

家庭系から産業系へ

―清掃法と1970年廃棄物処理法―

● 原始・廃棄物処理法

　廃棄物処理法は、1954年制定の清掃法を全部改正して、1970年の公害国会において制定された。全部改正直前の清掃法は全文31ヶ条であったのに対して、廃棄物処理法は全体30ヶ条であった（なお、現在は、枝条文をすべて数えると160ヶ条）。

　清掃法と廃棄物処理法を比較することにより、廃棄物処理に関する法政策の展開が明らかになる。現在では、ほとんど省みられることがない両法であるが、1970年にタイムスリップしてみよう。大阪万博が開催された年である。

● 法益の拡大

　第1に特徴的なのは、最終目的である。清掃法が「生活環境を清潔にすることにより、公衆衛生の向上を図る」（1条）であったのに対して、廃棄物処理法は「生活環境の保全及び公衆衛生の向上を図る」（1条）となっている。生命・健康に近いところにある保護法益は公衆衛生であるが、その確保が一段落したことから、より踏み込んで、生活環境にまで対応の射程を拡大したのである。

　第2に特徴的なのは、実施主体である。清掃法は、市町村を正面に押し出している。市町村の役割は、2つある。ひとつは清掃事業の主体であり、もうひとつは清掃規制の主体である。清掃法は、基本的には、一般家庭から排出されるごみを衛生的に処理する体制を整備するための法律である。市町村自らが直営的にそれをするのが基本である。それとともに、事業に伴い発生する多量・特殊なごみについて、排出者に命じてこれを処理させる、汚物掃除業許可制を運用するという規制的役割も与えられている。

　第3の特徴は、対象とする「モノ」である。「廃棄物」という文言は、廃棄物処理法により初めて法令用語となった。同法はこれを、「汚物又は不要物」（2条1項）と定義する。一方、清掃法が対象とするのは、「汚物」である。具体的には、「ごみ、燃えがら、汚でい、ふん尿及び犬、ねこ、ねずみ等の死体」（3条）である。「汚物」とは、不衛生なものというほどの意味であろう。廃棄物処理法においては、衛生的観点に加えて、必要か不要かという経済的観点からも把握するようになった。事業活動に伴い発生する汚物も一般家庭から出される汚物も、区別されていなかった。

● エリアの拡大

第4は、適用地域である。公衆衛生については、とりわけ人口が集中する地域においてこれを確保する必要性が高い。そこで、清掃法は、特別清掃地域という指定地域制を導入した（4条）。そして、同地域における汚物の処分を市町村の事務としたのである（6条）。

第5は、いわゆる不法投棄である。清掃法が禁止するのは、特別清掃地域のような区域における汚物の投棄である（11条）。ただ、この禁止義務に違反して投棄された場合の罰則は規定されていたものの（24条）、投棄者に対する原状回復命令も規定されていなかった。同じく、廃棄物処理法は、廃棄物のみだり投棄を禁止し（16条）、その違反に対して刑罰をもって対処した（27条）。ところが、投棄が禁止されたのは、一般廃棄物の場合は市町村の中心部だけであり、たとえば、山林に一般廃棄物を投棄しても、何のおとがめもなかったのである。産業廃棄物についてはそうした制約はなかったが、いずれの場合にも、現在の廃棄物処理法とは異なり、投棄者に対して適正処理を命ずる措置は規定されていなかった。

● 事業者処理責任の創設

第6は、処理責任である。廃棄物処理法は、「事業者は、その事業活動に伴つて生じた廃棄物を自らの責任において適正に処理しなければならない」（3条1項）と規定した。いわゆる排出事業者処理責任である。一方、清掃法は、「清掃作業を困難にし、又は清掃施設を損うおそれがある汚物」について、これを発生させる工場・事業場の経営者に対して、必要な措置を命ずることができるとする（8条）。処理責任は市町村にあるのが原則であるが、例外的場合に事業者が担当するのである。

第7は、許可業者である。清掃法は、汚物取扱業を規定する。これは、家庭系の汚物の処理を担当するものであり、廃棄物処理法のもとでの一般廃棄物処理業に相当する。廃棄物処理法は、これに加えて、産業廃棄物処理業を創設した。同法により新たに導入された排出事業者処理責任は、この業者の力を借りて実現されることになったのである。

規制事項の承継と創設。2つの法律をながめてみると、時代の変革を感じる。

細く長くのおつきあい？

27

—廃棄物処理法の特殊性—

● 別格の廃棄物処理法

　工場であっても事業場であっても、企業にとって、おつきあいする環境法の中心は、廃棄物処理法であろう。大気汚染防止法、水質汚濁防止法、悪臭防止法、騒音規制法、振動規制法などの公害規制法ともおつきあいをせざるをえないけれども、廃棄物処理法は、これらとは、規制の枠組みにおいて、「一線を画している」気がする。どのような意味においてであろうか。

　たとえば、水質汚濁防止法を考えてみよう。同法の基本的な規制対象は、特定施設を設置する工場・事業場（特定事業場）である。そこからの排出水の排出が、排出基準によって規制される。特定事業場の設置者が基準を遵守しているかぎりは、排出水を場外の公共用水域に排水してもかまわない。排出水は、まさに「水に流される」。この点では、大気汚染防止法なども同じである。指定ばい煙を含む排気は規制対象となる場所から発生するが、排出基準に適合するような措置を施せば、あとの排気は煙突を通じて大気中に拡散する。「消えてなくなる」のである。その場で完結するスポット制度である。

　この点で、廃棄物処理法の規制は大きく異なる。工場・事業場で発生した規制対象物である産業廃棄物は、場外に出て消えてなくなるのではない。それが廃棄物である以上、水に流せば不法投棄となる（気体は廃棄物にはならない）。廃棄物は、工場・事業場を出たあと、最終処分までの長い旅程を歩き始めるのである。産業廃棄物は、処理のそれぞれのポイントにおいて、環境への負荷が問題となり、委託基準、保管基準、処理基準などによる規制がされている。廃棄物処理法は、多くの関係主体に対して、さまざまな基準の遵守を義務づけている。

● どこまでもどこまでも

　このため、全体としてみれば、環境法の中で、廃棄物処理法の違反件数は、群を抜いて多くなっている。これは、上記の構造的理由に由来する。産業廃棄物管理票（マニフェスト）に象徴的であるが、発生者である工場・事業場は、法的義務づけとの、まさに細く長くのおつきあいを強いられるのである。基本的に排出の時点での規制をするスポット規制の水質汚濁防止法や大気汚染防止法との比較でいえば、プロセス規制といっていいかもしれない。

　それゆえ、関係主体にとって、廃棄物処理法は、実に違反が発生しやすい法律ということになる。しかも、業や施設が許可制となっているため、最悪の場合、違反が許可取消しにつながってしまう。事業活動に対する影響は、測り知れない。

　刑罰についてみても、犯罪として規定される25〜31条における号数は、過失犯、両罰規制、過料を除いても、55になる。これに対し、大気汚染防止法は10、水質汚濁防止法は8、悪臭防止法は6、騒音規制法は3、振動規制法は3である。廃棄物処理法には、地雷があちこちに埋まっているという感じである。

● 違反リスクを軽減する体制

　産業廃棄物の処理には、典型的には、収集運搬、中間処理、最終処分という3つのプロセスがある。これらを一社が担当するか、別々の会社が担当するかについて、廃棄物処理法は中立的である。委託基準や処理基準などを遵守した処理である以上、同法としては問題ない。

　しかし、プロセスぶつ切りの処理は、不適正処理を招きやすいような気がする。理想的には、工場・事業場から排出されたあとの処理は、基本的に一社が担当すべきだろう。いわゆる一貫処理である。3つのプロセスを、いわば一本の筒に入れたようにシームレスにして、継ぎ目から環境負荷が漏れ出すのを最小化するのである。

　廃棄物処理法は、こうした委託形態が好まれるようなインセンティブを制度化すべきように思う。嫌々従うのではなく、表現はよくないが、「安心して従ってもらえる」仕組みでなければならない。

　これまでの廃棄物処理法改正の歴史は、ゴリゴリの規制強化の歴史であった。これからは、法目的の実現という目指すべき山頂は同じであるが、「スマートな規制」という視点が重要になるように思う。

28

「意思」 があるワケ

―おから事件最高裁決定の謎―

● 総合判断説の確定

　「意思」があるといっても、やる気があるという意味ではない。「意思」という文言が判決文に入っていることの意味を考えてみたい。

　環境法の重要裁判例のひとつとして、いわゆる「おから事件」に関する最高裁決定（最二小決平成11年3月10日刑集53巻3号339頁）がある。廃棄物処理法の産業廃棄物処理業許可を受けずにおからを有料で収集・運搬、処分をしていた者が、罰金40万円に処された事件である。本件が有名なのは、廃棄物処理法2条1項にある廃棄物（＝不要物）判断方法として、①その物の性状、②排出の状況、③通常の取扱い形態、④取引価値の有無、⑤事業者の意思、等を総合的に勘案するという総合判断説を採用したことによる。

　世間では、最高裁の判断のみが注目される傾向にあるが、事件を理解するには、下級審の判断にも注意を払わなければならない。そのようにして最高裁決定をみると、「おやっ？」と思う部分が浮きあがる。

　本件の第1審は、岡山県の山間部にある津山簡易裁判所であった（津山簡判平成8年3月18日）。被告人を有罪とした理由づけは、次のようである。おからはいわゆる「専ら物」（14条1項但書）ではないし、許可不要対象者としての指定も受けていないから、本件行為を適法にするためには廃棄物処理法の許可を要するところ（14条1項・6項、施行規則9条2号、10条の3第2号）、それを得ずに無許可で行っている。ここでは、総合判断説は顔を出していない。

● 「意思」 がない！

　第2審の控訴審は、広島高裁岡山支部であった（広島高岡山支判平成8年12月16日）。判決のなかで注目されるのは、不要物性の判断方法である。すなわち、「…その物の性状、排出の状況、取扱形態及び取引価値の有無等から排出業者が社会的に有用物として取り扱わず、有償で売却できる有価物ではないとして、対価を受けないで処分する物をいうと解するのが相当」としたのである。最高裁の総合判断説の基準と比較すれば、高裁判決には、「事業者の意思」が含まれていないことがわかる。これを「等」に含めて解するのは、無理がある。

　廃棄物（＝不要物）かどうかの判断に関しては、厚生省環境衛生局水道環境部

計画課長通知「廃棄物の処理及び清掃に関する法律の一部改正について」（昭和52年3月26日環計37号。以下「37号通知」という）が出されていた。そこでは、「廃棄物とは、占有者が自ら利用し、又は他人に有償で売却することができないために不要になった物をいい、これらに該当するか否かは、占有者の意思、その性状等を総合的に勘案すべきものであって、排出された時点で客観的に廃棄物として観念できるものではない」とされていた。37号通知は、明確に「意思」を判断要素として加えたのである。

　高裁判決の際には37号通知は出されていたから、行政の基準としては、「意思」が含まれていることはわかっていたはずである。それにもかかわらず、高裁判決は、「意思」を要素に加えなかった。被告人は、廃棄物ではないと思っていたと主張していたから、37号通知を適用すると、本件おからを不要物と考えていたかどうかを正面から議論せざるをえなくなる。それを嫌ったのだろうか。

● **最高裁調査官説？**

　そして、最高裁決定である。高裁判決が落とした「意思」を復活させた。しかし、なぜそうしたかについての説明はない。気づかなかったとは考えにくいが、最高裁調査官による解説（秋吉淳一郎・最高裁判所判例解説刑事篇平成11年度66頁）は、37号通知を妥当とするだけで、なぜ「意思」を落とすことが不適切なのかについて、積極的には言及もしていない。

　推測するしかないが、高裁判決のままだと、「意思」を含めた37号通知が実質的に否定されてしまうため、そうなるのを回避したかったのではないだろうか。高裁判決が理由をつけずに「意思」を落としたので、これを復活させるのに理由は不要と考えたのではないだろうか。あるいは、高裁判決はうっかりと「意思」を入れ忘れたと考えたため、それを戻してやったのだろうか。

　最高裁は、法律審である。廃棄物処理法の定義の解釈は、法的判断であるから、たとえ高裁がうっかりしたと判断しても、理由をつけないのは不適切である。しかも、「職権により判断する」とまでいっているのだから、なおさらのことである。

　総合判断説は、最高裁が認め、判例となっている。しかし、そのように受け止めるには、およそ説得力を欠いている。不要物をどう考えればよいのか。何が正しい解釈だろうか。法的決着は、まだついていない。

29

5要素はどこで生まれたか?

―総合判断説の源流を求めて―

● おから決定

　廃棄物処理法に関係する仕事をしている人にとっては、「総合判断説」という表現はおなじみであろう。廃棄物処理法2条1項に規定される「廃棄物」かどうかを判断するための考え方のことである。

　実務的には、いわゆる「おから事件」における最高裁第二小法廷決定（平成11年3月10日）によって示されたものとされている。同決定は、次のように判示した。「その物の性状、排出の状況、通常の取扱い形態、取引価値の有無及び事業者の意思等を総合的に勘案して決するのが相当である」。5つの要素を併せて考えよというのである。本件においては、この枠組みを用いた判断がされ、被告人の有罪（罰金40万円）が確定した。

　興味深いのは、この事件の控訴審判決（平成8年12月16日）は、廃棄物について、「その物の性状、排出の状況、取扱形態及び取引価値の有無等から排出業者が社会的に有用物として取り扱わず、有償で売却できる有価物ではないとして、対価を受けないで処分する物をいう」と判示した。両者を比較すれば明らかなように、控訴審判決には、「事業者の意思」が欠けている。4要素なのである。最高裁は、この点に関して、控訴審とは異なる判断をしたのであるが、なぜ「事業者の意思」を加えるべきとしたのかについては、何も説明していない。

　私は、「どうせ最高裁は行政解釈を追認したのだろう」と考えていた。最近、その根拠を探してみようと思い立って調べたのであるが、該当する通知が見当たらない。廃棄物処理法の当時の所管であった厚生省が1977年に出した通知では、「占有者の意思、その性状等を総合的に勘案すべき」とされていた（「廃棄物の処理及び清掃に関する法律の一部改正について」（昭和52年3月26日環計第37号厚生省環境衛生局水道環境部計画課長通知）。以下「37号通知」という）。2要素ではあるが、「意思」が含まれている。しかし、この通知の後かつ最高裁決定の前に、5要素を明記した通知はなかったのである。

● 検察官説の採用

　前頁で引用した最高裁決定に関する最高裁調査官の解説をいま一度しっかり読んでいて、この疑問は氷解した。最高裁は、行政通知に依拠していたのではなかっ

た。具体的には、伊藤榮樹＋小野慶二＋荘司邦雄（編）『注釈 特別刑法第7巻』（立花書房、1987年）における古田佑紀氏による廃棄物処理法の解説に依拠していたのである。古田氏は、後に最高裁判事になるが、執筆時は検事であった。

● 総合判断説の原型の誕生

同氏は、37号通知の立場を妥当としつつ、「廃棄物に当たるか否かは、その物の性状、保管及び排出の状況、取引価値の有無、通常の取扱形態等の客観的な諸事実に、これらの要素からみて、社会通念上合理的に認定し得る占有者の意思をも加えて総合判断をし、生活環境の保全及び公衆衛生の保持の観点から廃棄物として扱うべきか否かを個別・具体的に決するほかないであろう。」（232頁）と記していた。ここには、最高裁決定にある5要素が明記されている。

それ以前にも、同じく検事であった土本武司氏が、平野龍一（編集代表）『注解 特別刑法第3巻公害編Ⅱ 廃棄物の処理及び清掃に関する法律』（青林書院、1985年）において、「廃棄物に当たるか否かは、その物の性状、保管、排出の状況、取引価値の有無、通常の取扱形態などを検討し、さらにこのような客観的要素からみて、社会通念上合理的に認定し得る占有者の意思をも加えて総合的に考慮し、個別具体的に決せざるを得ないものと思われる。」（6頁）という解釈を示していた。最高裁調査官解説は触れていないが、この整理が最初に示されたのは、古田佑紀「廃棄物処理法罰則の解釈と運用（上）」警察学論集32巻1号（1979年）であった。

● ある邪推

最高裁決定の確定にあたっては、調査官が一定の役割を果たしている。おそらく、この決定の調査官であった秋吉淳一郎氏は、文献調査をしていて古田氏や土本氏の著作に接し、これらの記述がもっともだと感じたはずである。「事業者の意思」を含めるべきと考えたが、その立場を踏まえて控訴審判決をみると、そこには「意思」が欠けている。そこで、基本的に正当と考える37号通知の考え方を確認すべく、古田氏の見解に沿いつつ「意思」を復活させたのであろう。それなら決定のなかできちんと説明すればよいではないかとも思うが、最高裁の刑事決定は、この程度のそっけないものであるのが通例らしい。

30

事業起因なれども産廃ならず

─業種限定の合理性─

● 産業廃棄物を決定する政令

廃棄物処理法2条2項は、「この法律において『一般廃棄物』とは、産業廃棄物以外の廃棄物をいう」と規定する。すなわち、「一般廃棄物＝廃棄物−産業廃棄物」であり、結局は、「廃棄物＝一般廃棄物＋産業廃棄物」である。このため、一般廃棄物か産業廃棄物かのどちらかを固定すれば、自動的にもう一方の内容が確定する。

これだけをみれば単純な規定ぶりなのであるが、実際には、そうでもない。産業廃棄物に関する規定がややこしいのである。廃棄物処理法が固定しているのは、産業廃棄物のほうである。同法2条4項柱書は、「この法律において『産業廃棄物』とは、次に掲げる廃棄物をいう」とし、同項1号は、「事業活動に伴つて生じた廃棄物のうち、燃え殻、汚泥、廃油、廃酸、廃アルカリ、廃プラスチック類その他政令で定める廃棄物」と規定する。

2点が確認できる。第1は、「その他」であり「その他の」となっていない点である。すなわち、燃え殻から廃プラスチック類までは例示ではなく、法律により直接に指定された種類の産業廃棄物である。第2は、それ以外の産業廃棄物の指定は政令に委任されている点である。政令による決定にあたっては、廃棄物処理法の制度趣旨に従うことが求められる。

それでは、政令はどのようになっているのだろうか。規定するのは、廃棄物処理法施行令2条各号である。

● 2つのパターン

そこには、2つのパターンがあることに気づく。非限定型と限定型である。

非限定型は、たとえば、「金属くず」（6号）のように、およそ事業活動に伴つて発生すれば産業廃棄物になるというものである。これはわかりやすい。数え方は難しいが、非限定型は11品目ある。

ところが、やっかいなのは、限定型である。「紙くず」（1号）についていえば、「建設業に係るもの（工作物の新築、改築又は除去に伴つて生じたものに限る。）、パルプ、紙又は紙加工品の製造業、新聞業（新聞巻取紙を使用して印刷発行を行うものに限る。）、出版業（印刷出版を行うものに限る。）、製本業及び印刷物加工業に係るもの並びにポリ塩化ビフェニルが塗布され、又は染み込んだものに限る。」という限

定がつけられている。たとえば、本書を出版する第一法規株式会社のように、編集業務だけをする出版業の事業活動に伴って排出される紙くずは、産業廃棄物ではない。

● 事業系一般廃棄物の存在

産業廃棄物ではないというのであるから、それは一般廃棄物になる。事業活動起因であるために、事業系一般廃棄物と称される。一般廃棄物であるから、廃棄物処理法6条の2第1項により、最終的な処理責任は、市町村にある。事業活動起因の廃棄物は事業者に処理責任があるとするのが汚染者支払原則（PPP）なり事業者処理責任原則にかなうようにみえるのに、限定型となったのはなぜだろうか。1970年の廃棄物処理法制定時に法案作成に深く関与された元厚生省職員の話をうかがう機会があった。以下のような事情だったようである。

● 政令指定のロジック

「廃棄物」という法律用語は、廃棄物処理法により生み出されたが、同法制定前の日本において、「廃棄物的なもの」は、清掃法のもとで「汚物」と規定され、市町村が処理をすることになっていた。しかし、何でもかんでも市町村負担での処理というのはおかしいから、事業者処理責任原則にもとづいて事業者の負担で対応させるものを選んでいった。

その基準は、当時において産業として十分確立している業種からの排出であれば産業廃棄物とするというものだった。もっとも、現実には、関係業界との交渉が必要だった。たとえば、紙くずは限定型となっている。実は、最初は非限定型にするつもりであったところ、関係業界との交渉の結果、限定型となった。こうしたものは多くある。

きわめて小規模事業者が排出する廃プラスチック類は、形式的には産業廃棄物になるが、それに廃棄物処理法の規制を全面的にかけるというようには考えていなかった。全体として90％くらいが捕捉できていればいいという感じであった。廃棄物「処理法」であり廃棄物「規制法」ではない。どのように処理するかを中心に考えた法律である…。

● 再調整は必要だけど

なるほどと思う説明ではある。従来からあった市町村処理をいわばセーフティーネットと考え、自己負担で処理させるべきと考えるものを「汚物」から抜き出して、「産業廃棄物」としたのである。現在なら、事業者処理責任原則があるから産業廃棄物はすべて事業者責任だといえるが、当時は、基本的に市町村任せとなっていたものを少しずつ事業者責任に移行するというスタンスだったのだろう。今後は、業種限定を狭くしたりそれを外したりする方向で検討するのが合理的である。廃棄物処理法改正のひとつの論点のように思う。

31

委任権限の消極的濫用？

―産業廃棄物の業種限定・工程限定―

● 問答無用の産業廃棄物

　廃棄物処理法のもとでは、「廃棄物＝一般廃棄物＋産業廃棄物」である。同法2条4項は、「この法律において『産業廃棄物』とは、次に掲げる廃棄物をいう。」とし、1号において、「事業活動に伴つて生じた廃棄物のうち、燃え殻、汚泥、廃油、廃酸、廃アルカリ、廃プラスチック類その他政令で定める廃棄物」と規定している。

　政令とは、廃棄物処理法施行令である。その2条は、「法第2条第4項第1号の政令で定める廃棄物は、次の通りとする。」とし、本則で規定される6品目を含めた20品目を規定している。6品目については、いわば「二度書き」されている。

　施行令2条の規定ぶりには、大きな特徴がある。ゴムくず、金属くず、ガラスくず、陶磁器くず、鉱さい、燃え殻、汚泥、廃油、廃酸、廃アルカリ、廃プラスチック類の11品目については、特段の断り書きがない。産業廃棄物は、事業活動起因のものであるが、11品目に関しては、問答無用で産業廃棄物となるのである。

● 業種限定・工程限定

　ところが、品目について、排出する業種や工程を限定する記述がされているものがある。これには、「カッコ書き」が付されている場合と、本文で限定をかけている場合がある。カッコ書き方式の例としては、「紙くず（建設業に係るもの（工作物の新築、改築又は除去に伴つて生じたものに限る。）、パルプ、紙又は紙加工品の製造業、新聞業（新聞巻取紙を使用して印刷発行を行うものに限る。）、出版業（印刷出版を行うものに限る。）、製本業及び印刷物加工業に係るもの並びにポリ塩化ビフェニルが塗布され、又は染み込んだものに限る。）」（1号）がある。本文方式の例としては、「食料品製造業、医薬品製造業又は香料製造業において原料として使用した動物又は植物に係る固形状の不要物」（4号）がある。たとえば、紙くずがオフィスから排出される場合には、この定義に該当しない。レストランの残飯も同様である。

● 事業者はフリーライド？

　廃棄物処理法3条1項は、「事業者は、その事業活動に伴つて生じた廃棄物を自らの責任において適正に処理しなければならない。」と規定している。さらに、同法11条1項は、「事業者は、その産業廃棄物を自ら処理しなければならない。」と

規定している。これらは、環境法の基本的考え方である原因者負担原則を実定法化したものといえる。

　同じ性状のものを一般廃棄物として処理した場合の方が、料金は安いのが通例である。一般廃棄物の処理責任は市町村にあり（6条の2第1項）、処理には税金が投入されているからである。たとえば、東京都23区では、施行令2条4号に該当する動物性残さを事業系一般廃棄物として処理すれば15.5円/kgであるが、産業廃棄物として処理すれば23円/kgとなる。

　これを前提とするならば、廃棄物処理法施行令2条が規定するカッコ書き方式および本文方式による業種限定・工程限定は、原因者負担原則に照らして不適切なのではないか。そもそも、なぜ業種限定・工程限定がされているのだろうか。

● 現実をにらんだ対応

　事業活動に起因する廃棄物はすべて産業廃棄物とするのがスジである。しかし、廃棄物処理法が施行される当時は、自ら処理をするルートが確立している品目とそうでない品目があった。これを基準に区別がされた。しかし、この決定は、政令でしているから、将来、状況が変われば、業種限定・工程限定を外せばよいと考えられていた。

　燃え殻など6品目については、廃棄物処理法2条4項1号が直接に規定している。これを施行令で二度書きする際に、業種限定・工程限定を付せば、それは政令委任の限界を超えて違法とされるだろう。それでは、これが付されているものについてはどう考えるべきだろうか。

　最初は業種限定・工程限定が付された状態で出発するのはやむを得ないが、本来は、たとえば5年ごとに状況の変化を確認して、これを外す方向で検討をすべきであった。そういう方針はなかったのであろうか。業種限定・工程限定は、いつからか「所与」とされ、それを前提に、様々な利害が固定化してしまった。より佳き環境法の観点からは、見直し作業が必要である。見直し作業の懈怠は、廃棄物処理法2条4項1号により委任された権限の消極的濫用である。しかし、見直しは、実務的には「まず不可能」といわれている。同法施行後の数年の間にこの作業をさぼったことのツケは、相当に大きいように感じる。

32

処理管理責任、直接処理責任、体制整備責任、許可業者規制責任

――一般廃棄物処理における市町村の役割――

● 難しい事業系一般廃棄物

　廃棄物法制のなかで整理が難しいのは、廃棄物処理法のもとでの一般廃棄物処理に関する関係主体の責任である。たしかに、同法は、「市町村は、一般廃棄物処理計画に従つて、その区域内における一般廃棄物を生活環境保全上支障が生じないうちに収集し、これを運搬し、及び処分…しなければならない。」（6条の2第1項）と規定する。計画の策定は、市町村の義務である（6条1項）。このため、「市町村に処理責任がある」となる。しかし、その「責任」の内容は、いささか複雑である。

　廃棄物処理法のもとでの「廃棄物」は、一般廃棄物と産業廃棄物に分けられる。同法は、産業廃棄物以外が一般廃棄物としているため（2条2項）、政令指定される産業廃棄物（2条4項）が重要である。その産業廃棄物は、基本的に、事業活動起因であるが、それにもかかわらず政令で産業廃棄物となる事業活動が限定されているものがある。たとえば、「動物又は植物に係る固形状の不要物」は「食料品製造業、医薬品製造業又は香料製造業において原料として使用した」ものに限られるため（施行令2条4号）、飲食店で発生する残飯は産業廃棄物ではない。そこで、これは一般廃棄物となる。家庭系一般廃棄物と区別するために、事業系一般廃棄物と称される。

　一般廃棄物である以上、事業系も市町村が処理するのかというとそうではない。「事業者は、その事業活動に伴つて生じた廃棄物を自らの責任において処理しなければならない。」（3条1項）のである。この原則は、産業廃棄物についても事業系一般廃棄物についても適用される。そこで、3条1項と6条の2第1項の整合的理解が必要となる。

● 市町村責任の4つの内容

　一般廃棄物処理に関する市町村の責任には、レベルの異なる4つの内容があると整理できる。

　第1は、もっとも広義の責任である。策定が義務づけられる一般廃棄物処理計画（6条1項）にもとづき、生活環境保全上の支障が生じないよう一般廃棄物の処理がされるという結果を実現する責任である（処理管理責任）。

　第2は、家庭系一般廃棄物の処理という具体的作業をする責任である（直接処

理責任）。この責任は、収集運搬、中間処理、最終処分のプロセスごとに、直営方式あるいは委託方式のいずれかによって履行される。

　第3は、事業系一般廃棄物の処理に関する責任である。家庭系とは異なり、具体的作業をする責任は、排出事業者にある。市町村には、その的確な履行が可能になるように、物理的・制度的体制を整備する責任が課されている（体制整備責任）。具体的には、たとえば、必要なだけの許可を出すことによって事業系一般廃棄物の収集運搬をする許可業者を確保すること、事業系一般廃棄物の中間処理をする施設を整備すること。これらは、産業廃棄物に関してはない責任である。産業廃棄物の場合は、「事業者は、その産業廃棄物を自ら処理しなければならない。」（11条1項）のであり、かつ、それっきりである。あくまで事業者に責任があるのであって、その実現のためのセーフティーネットを行政が用意するわけではない。

　第4は、一般廃棄物処理業者に対する許可や監督処分に関する責任である（7条）。事業系一般廃棄物の処理は一般廃棄物処理計画のもとにあり、その実現に必要十分な処理サービスが提供されればよいことから、許可にあたっては、いわゆる需給調整基準が適用される（許可業者規制責任）。

　以上のように、一般廃棄物処理に関する市町村の「処理責任」には、4つの内容があると整理できる。事業系一般廃棄物という存在が、その責任の内容を複雑にしていることがわかるだろう。

● 必要な見直し

　そこで、事業系一般廃棄物というカテゴリーを廃して事業活動起因ならすべて産業廃棄物とするような法令改正をすればよいという議論もある。たしかにひとつの整理である。すぐには実現できないとしても、長期的には検討に値する法政策課題であろう。廃棄物処理法の抜本改正の中心的内容のひとつになるのは確実である。

33

途中下車した廃棄カツ

―廃棄物処理法からみるココイチ事件―

● **ココイチ事件とは？**

　廃棄物処理の2016年は、カレーチェーン店CoCo壱番屋の廃棄カツ騒動で幕を開けた。1月13日、同カレーチェーン店を展開する株式会社壱番屋は、カレーのトッピングとして使用される業務用冷凍ビーフカツ約4万枚に異物混入の疑いがあるため、産業廃棄物処理業者（中間処理業）であるダイコー株式会社に廃棄処理を委託したところ、そのうち約5,000枚が、岐阜県羽島市の製麺業者みのりフーズなど複数業者を介して愛知県内のスーパー2店に横流しされ、既に販売されていたと発表した。残りは、約300枚がスーパー店内にあり、約7,000枚はたい肥になっていた。約2万8,000枚は行方不明という。中間処理されるべきものが、「途中下車」していたのである。

　発見したのは、CoCo壱番屋の従業員であった。たまたま当該スーパーの店舗で買い物をしていたところ、同社の冷凍ビーフカツを発見したのである。その場で撮影をして本部に通報した。販売されていたのは5枚1袋に入っている商品。業務用のため、赤字で「ビーフカツ」とのみ記載されていた。CoCo壱番屋の名称は記載されていなかったが、その従業員氏にとってはいつも取り扱っている見慣れた材料であり、「なんでココに？」と思っただろう。お手柄である。

　本件については、愛知県警本部と岐阜県警本部が速攻で合同捜査を開始した。本件以外にもCoCo壱番屋の案件はあり、そのほかの廃棄食品の横流しもされているようである。相当に根の深い事件であり、全容の解明には、時間がかかりそうである。それはさておき、現時点で報道されている情報をもとに、本件を廃棄物処理法の観点から眺めてみよう。

● **何で産廃？**

　本件の最初の報道に接したときに思い浮かんだのは、「なんでこれが産廃？」という疑問であった。というのも、CoCo壱番屋の店舗で使用されずに廃棄されたビーフカツと考えたからである。

　もしそうであるとすれば、廃棄物処理法の適用はどうなるだろう。同法のもとでは、「廃棄物＝産業廃棄物＋一般廃棄物」となっている。このため、産業廃棄物か一般廃棄物かのどちらかを特定すればあとは自動的に決まるという構造になっ

ている。同法は、産業廃棄物を特定している。それは、廃棄物処理法施行令においてなされる。

　横流しされたのが、ＣｏＣｏ壱番屋の店舗において廃棄されたビーフカツであれば、それは、食品残渣となる。しかし、これに該当するものは、同施行令にはないため、不要物であるかぎりにおいて、一般廃棄物となる。事業活動に起因して発生しているから、事業系一般廃棄物である。しかし、報道では、しきりに「産業廃棄物」という言葉が用いられていた。そこで、報道内容をよくみてみると、たしかに、産業廃棄物であった。

　朝日新聞（2016年1月14日）は、次のように報じる。「問題のカツは昨年9月2日に同県〔筆者註：愛知県〕一宮市の自社工場で作ったパン粉を混ぜる機械のプラスチック製の棒が8ミリほど欠けているのが見つかり、壱番屋はこの日ここで作ったカツ4万609枚の廃棄を決定」。なるほど、自社工場で製造されたのである。

　廃棄物処理法施行令2条のもとでは、20種類の産業廃棄物が指定されている。そのひとつに、4号「食品製造業、医薬品販売業又は香料製造業において原料として使用した動物又は植物に係る固形状の不要物」がある。これにあてはめれば、株式会社壱番屋は、食品製造業者としてビーフカツを作ったが、それが不要物となったのである。本件ビーフカツは、正真正銘の産業廃棄物である。

　本件のビーフカツは、すべて一宮工場で製造されている。産業廃棄物処理業者であるダイコーは、同工場で廃棄された産廃の中間処理を委託されていた。収集運搬の許可まで持っていたかは、報道によるかぎり不明である。壱番屋が廃棄を決定した約4万枚は、2015年10月19日に引き渡されている。このとき、産業廃棄物処理票（マニフェスト）は交付された。

　委託された処理の内容は、たい肥化であったらしい。マニフェストについては、「すべてたい肥化された」という趣旨の記述がされたうえで壱番屋に送付されていたようである。中間処理施設側の虚偽記載である（廃棄物処理法12条の3第4項、同法27条の2第4号）。

● **マニフェストの難しさ**

　マニフェストが期限内に送付された場合、その内容が虚偽であると見抜くことは、紙であっても電子であっても、おそらくは不可能である。本件が露見したのは、まったくの偶然であった。廃棄物処理法遵守の難しさを感じさせる事件である。

　ところで、本件は、異物混入のあるビーフカツであったから商品価値がそもそもなかったが、たんに生産過剰ゆえに廃棄されたビーフカツの横流しであればどうだっただろうか。信頼関係を破壊する行為ではあるが、食品衛生上問題がなければ、廃棄物の「再生」なのだろうか。しかし、廃棄物処理法上の問題はありそうな気がする。

34

アリの一穴？

―廃棄物処理法2017年改正と有害使用済機器規制―

● 潜在的影響のある2017年改正

2010年の改正時に施行後5年見直しを義務づけられていた廃棄物処理法が、2017年に改正された。何とか1本の法案にするために各方面から要望を聴取して内容を固めた。冷凍ビーフカツ事件を踏まえて、一定の特別管理産業廃棄物に関する電子マニフェスト義務づけが規定された。そのほかにも重要な内容はある。

電子マニフェスト義務化よりも、今後の廃棄物法制にとってはるかに潜在的インパクトが大きいと思うのは、有害使用済機器規制である。環境省の説明もこの点に関するものが中心になっているし、それゆえ法案の国会審議においても、質問が多く出されていた。一体何が問題で、どのような対応がされたのだろうか。

● 雑品スクラップ

問題とされたのは、いわゆる「雑品スクラップ」である。これは、有害物を含む使用済電気電子機器がその他の金属スクラップと混合されたものである。こうした機器は、一般家庭や事業所から排出されるが、不要品回収業者に無料で引き取られたり、有価で買い取られたりする。それが、海外輸出をするためにヤード業者と称される事業者によって破砕され雑品スクラップとなる。この破砕工程で鉛などの有害物質が環境中に放出されるし、有害物質を含む雑品スクラップが何の環境規制もないままに流通するのである。国内の生活環境汚染や家電リサイクル法・小型家電リサイクル法の潜脱のほか、海外における生活環境汚染が問題となる。不適正管理に起因する輸送過程における火災事例も多く報告されている。

● 通知対応の限界

こうした有害使用済機器が廃棄物であれば、その収集運搬と処分については廃棄物処理法の規制が適用される。しかし、これまでは、この点が必ずしも明らかではなかった。環境省は、2012年3月19日通知（「使用済家電製品の廃棄物該当性の判断について」（通知））において、とくに使用済電気電子機器については、①年式が古いとか通電しないなどリユース品としての市場性が認められない、②雨ざらしの放置など再使用の目的に適さない粗雑な扱いがされている、などの場合には廃棄物とみなすのが適当としていた。

しかし、これは、個別事案に即して判断されるべきものである。また、中がみ

えないように高い塀をめぐらせたうえで①②の物品を扱う悪質なヤード業者が増加し、廃棄物処理法の適用に困難を来す事例が顕在化していたのである。

● **廃棄物の除外**

そこで、2017年改正は、このヤード業者に注目し、17条の2を新設することで廃棄物処理法の規制に取り込んだ。これによれば、有害使用済機器の保管または処分を業とする者は都道府県知事への届出と保管処分基準の遵守が義務づけられる。有害使用済機器の定義においては、使用が終了して収集されたもの（つまり廃棄物）は除外されている。したがって、廃棄物であれば従来の廃棄物処理法の規制がかかり、そうでないものには改正法の規制がかかるのである。

この規制は、廃棄物処理法のこれまでの歴史に鑑みれば、画期的なものと評しうる。当然のことであるが、同法は「廃棄物」を対象としている。ところが、17条の2第1項は、有害使用済機器を規定して、「使用を終了し、収集された機器（廃棄物を除く。）のうち、その一部が原材料として相当程度の価値を有し、かつ、適正でない保管又は処分が行われた場合に人の健康又は生活環境に係る被害を生ずるおそれがあるものとして政令で定めるもの」（下線筆者）と規定しているのである。

下線部に注目されたい。廃棄物でないものを廃棄物処理法で規制している。かつて2003年改正で「疑い物」という概念が導入されたことがある。これは、廃棄物かどうか疑わしいものについても一定の対応ができるようにしたのであるが、結局は、廃棄物となってはじめて規制ができるのであった。

● **未然防止的対応**

それと比較すれば、有害使用済機器とされる物品は、経験則上、実質的に廃棄物として扱われる可能性が高いために、廃棄物処理法の規制の枠を、いわば時間的に前倒しして適用したのである。未然防止アプローチといえよう。

対象となるものは、施行令で指定される。廃棄物ではないけれども品目を限定してこれを廃棄物処理法の世界に取り込むという方法は、これまでにはなかった。この発想を踏まえれば、現在は廃棄物ではあるけれども、経験則上、原料として使用されるなど有用物となるものについても、品目指定をして廃棄物処理法の規制から外すという措置もありうるだろう。

有害使用済機器は、一般廃棄物でも産業廃棄物でもない。届出事務は知事がして市町村長はしない。そうした割切りは、17条の2第3項において、立入検査、報告徴収、監督処分に関して、権限を知事に一元化するための条文だけ準用されている点にもみてとれる。

35

無理難題？

―ギブアップ通知と直罰制―

● 適正処理困難通知制度

廃棄物処理法2010年改正法の目玉のひとつは、14条13項が規定する適正処理困難通知制度であった。同項は、「産業廃棄物収集運搬業者及び産業廃棄物処分業者は、現に委託を受けている産業廃棄物の収集、運搬又は処分を適正に行うことが困難となり、又は困難となるおそれがある事由として環境省令で定める事由が生じたときは、環境省令で定めるところにより、遅滞なく、その旨を当該委託をした者に書面により通知しなければならない。」と規定する。この規定は、「白旗通知」「ギブアップ通知」などと呼ばれている。

困難となる場合として、廃棄物処理法施行規則10条の6の2は、以下の8つを規定する。

①施設の事故等により施設使用ができずに保管上限に達した、②施設廃休止により処分不能となった、③埋立処分終了により処分不能となった、④法14条5項2号イ等の該当となった、⑤精神の機能障害状態となった、⑥法14条の3の命令を受けた、⑦法15条の3の取消しを受けた、⑧法15条の2の7等にもとづく改善命令を受け施設使用ができずに保管上限に達した。

廃棄物処理法上、実際に処理ができない状態になったとしても、収入の確保のために引取りを継続する処理業者がいた。もとより適法に処理ができる体制にはないために、結果として不適正処理ないし不法投棄が拡大してしまう。そこで、①〜⑧の場合に、処理契約を締結している排出事業者に対して、書面でその旨を通知することが義務づけられたのである。処理できないようになっているというのは、まさに「不都合な真実」であって、自発的通知は期待しにくい。そこでこれを法的に義務づけたのは、妥当な法政策である。

ところで、この義務づけであるが、「第14条第13項…の規定に違反して、通知せず、又は虚偽の通知をした者」は、法29条4号により、6月以下の懲役または50万円以下の罰金に処される。直罰制となっているのである。この書面通知の期間は、施行規則10条の6の3により、10日以内とされている。

● 本当にできるのか？

最近、適正処理困難通知制度を素材にした試験問題を作ろうとして関係規定を

じっくり読んだところ、興味深い点に気がついた。前出の要件のうち、④以外については、処理業者本人に関することがらであり、自らがそうした状態になった事実は当然に認識できる。10日以内の通知も可能である。ところが、④については、必ずしもそうはいかないのではないだろうか（⑤も困難であるが、ここではふれない）。

施行規則10条の6の2第4号は、「法第14条第5項第2号イ（法第7条第5項第4号イ又はチに係るものを除く。）又は第14条第5項第2号ハからホまで（法第7条第5項第4号イ若しくはチ又は第14条第5項第2号ロに係るものを除く。）に該当するに至つたこと。」と規定する。この要件には、たとえば、処理業者に影響力を持つ顧問弁護士が法人税法で執行有猶予付き懲役刑が確定した場合が含まれる。「法14条5項2号ニ→法14条5項2号イ→法7条5項4号ハ」という条文操作となる。

問題は、法14条13項の「遅滞なく」である。やらかした当人から連絡されないかぎり、許可業者は判決確定の事実を知らないのが通例であろう。しかし、同項は、許可業者側の事情に一切配慮していない。判決確定から10日以内の通知ができない場合もある。それに関しては、過失はないといわざるをえない。

● 知らなかった責任は？

それにもかかわらず構成要件を充たしてしまうというのは、不合理ではないだろうか。不祥事があった場合にはすぐに連絡するよう社内体制を整備しておくべきというのかもしれないが、たとえそうしたことを一般的に伝えていたとしても、現実にされるかどうかは不確実である。

2010年改正当時においては、「労働者派遣事業の適正な運営の確保及び派遣労働者の保護等に関する法律」45条10項・12項、46条7項・10項に先例があるのみである。しかし、この場合には、要件の充足を確実に本人が知ることができるのである。廃棄物処理法の場合は、必ずしもそうではない。

もっとも、現実には、構成要件は充たすとしても、そのような状況であるならば、検察は情状を斟酌して起訴まではしないだろう。そうであれば、起訴便宜主義に委ねるのではなく、そうした場合を除くと明記すべきである。立法技術的には、感心しない規定である。

36

張り子の虎?

―条例にもとづく実地確認義務づけ―

● 「確認」の方法

廃棄物処理法12条7項は、排出事業者に関して、産業廃棄物処理業者に処理を委託する場合に当該産業廃棄物の処理の状況に関する確認を行うことと、当該産業廃棄物について発生から最終処分が終了するまでの一連の処理の行程における処理が適正に行われるために「必要な措置」を講ずることについて規定する。「努めなければならない」というように、いずれも訓示規定である。

ここでいう「確認」とは、委託するに際して処理先の施設等がきちんとしているかを事前にチェックすることを意味するのか、それとも、処理が開始されたあとでチェックすることを意味するのかは、必ずしも明確ではない。

ところで、自治体のなかには、排出事業者に対して、排出した産業廃棄物が適正に処理されているかどうかについて、処理の現場に足を運んで確認することを条例で義務づける例がある。いわゆる「実地確認」である。廃棄物処理法12条7項が訓示規定としているものを、いわば上乗せ的に義務化しているのである。

● 愛知県条例の対応

たとえば、「愛知県廃棄物の適正な処理の促進に関する条例」7条2項は、「県内産業廃棄物の運搬又は処分を産業廃棄物処理業者に委託した事業者は、当該委託に係る県内産業廃棄物の適正な処理を確保するため、当該県内産業廃棄物の処理の状況を定期的に確認しなければならない。」と規定する。「ねばならない」というのであるから、法的義務づけである。しかし、同条例には、違反に対する制裁措置は規定されていない。霞が関法学の整理では、訓示規定である。定期的とは何か、どのような確認方法をとるのかなどについて、施行規則にも規定はない。そうなると、条例7条2項は、義務づけっぱなしであり、実質的には行政指導ということになる。

もっとも、これでは事業者も対応しようがない。そこで、愛知県は、「廃棄物の適正な処理の促進に関する条例のあらまし」という逐条解説を公表している (http://www.pref.aichi.jp/kankyo/sigen-ka/hourei/jyorei-2/jyourei/jyourei-1.html#7jyou)。

● 訓示規定の合理性

それによれば、確認頻度については、少なくとも毎年1回、確認方法については、多量排出事業者の場合には、原則として排出事業者自ら現地へ出向く、それ

以外の場合には、業界団体、コンサルタント、連結子会社等への委託も可能となっている。

　訓示規定となっているのは合理的であろう。余程「見る眼」を持っている者が訪問しないかぎり、行くことに意義があるとはいえないのである。行くことのみを求める法的義務づけは、たとえ牽制球的効果があるとしても、比例原則に反して違法だと思う。

　とはいえ、廃棄物処理法11条１項が「事業者は、その産業廃棄物を自ら処理しなければならない。」と規定するように、産業廃棄物の排出事業者責任の観点からは、適正処理が確実になされるように配慮する責務が事業者にある。どのような方法でそれをするかは事業者の裁量であるが、委託しっぱなしというのが適切でないのも、また確かである。

● **ポイントは19条の６だが**

　廃棄物処理法19条の６は、産業廃棄物の不法投棄や不適正処理があった場合において、処分者に資力がないなどのときに、排出事業者がそうした処分がされることを知りえた状況にあれば、事業者に対して原状回復命令が出せると規定する。冒頭にあげた「必要な措置」をしていないときもそうである。

　かりにこうした事態が発生した場合において、排出事業者がまったく実地確認をしていなければどうだろうか。条例で義務づけがされている以上、「あり方」の内容を参考にして対応ができたはず（＝違法処分を現地で確認して適切な対応ができたはず）と愛知県は判断して、命令を出すことを考えるかもしれない。そのような解釈は適法だろう。

　このように、条例それ自体では義務づけの履行確保はできないけれども、廃棄物処理法とリンクして整理すれば、それは大きな効果を発揮するといえる。もっとも、同法19条の６は、制度が導入された2000年以来、１件の発出例もない。その理由は、知りえたという要件の認定が困難なことがある。そう考えると、条例による義務づけに「張り子の虎」という側面がある点は、否定できないように思われる。

● **チェックの将来**

　ところで、確認が求められているのは、一体何についてだろうか。自分が処理委託した産業廃棄物の適正処理ということになるのだろうが、処理業者の現場で、それ以外の産業廃棄物と区別して認識できるはずがない。「全体としてきちんとやっている」程度の情報しか得られない。そうであれば、処理業者の財務情報の分析を通じて推測できることも多いはずである。しかし、そうした「高級」なチェック体制は一般的ではない。しかし、将来的には、そちらの方向に進むべきであろう。

37

受入れ側から持出し側へ

―域外搬入協議制度と排出事業者規制のあり方―

● 法律は不十分？

　条例ないし要綱にもとづく産業廃棄物の域外搬入協議制度は、興味深い仕組みである。域内にある最終処分場で域外発生の産業廃棄物が搬入されようとする際に、受け入れ側の自治体が、区域外の排出事業者に対して、事前に協議を求めるのである。廃棄物処理法では規定されていない仕組みを、同法の実施にあたる自治体が制度化しているのは、同法だけでは不十分と判断しているからにほかならない。

　こうした制度を設けている自治体は、域外発生産業廃棄物による不法投棄を経験したところである場合が多い。そうでなくても、そのような自治体の経験に学んで、未然防止的に対応しているのである。まさに、自衛措置である。

● 環境省の立場

　廃棄物処理法の所管官庁である環境省は、さすがに同法が不十分とはいえない。また、たしかに同法は、産業廃棄物が排出自治体内で処理されようが広域的に処理されようがどちらでもよいという立場である。このため、環境省は、こうした規制に対して否定的な態度をとってきている。同省の中央環境審議会循環型社会部会廃棄物処理制度専門委員会『廃棄物処理制度専門委員会報告書』（2017年2月3日）は、「制度見直しの主な論点」のひとつとして、「地方自治体の運用」をあげている。そこでは、①流入規制、②住民同意、③自治体ごとに異なる判断が問題とされている。①については、「廃棄物の円滑で適正な処理を阻害するおそれがあることを通知等により周知するなど、必要な措置を講じる必要がある。」とする。この報告書だけではなく、昔から繰り返されている指摘である。

● 信用されない排出事業者

　受け入れ側自治体も、好きでやっているわけではない。そうせざるをえない大きな理由は、排出事業者が適正処理責任を的確に果たしていないことにある。それゆえに、わざわざ「呼びつけて」、適正処理ができる体制が個別に構築されているかどうかをチェックしているのである。

　全国的に展開される域外搬入協議制度によって、どれくらいのコストがかかっているのだろうか。そうしたことをせずとも適正処理が可能になるような仕組みを廃棄物処理法は用意すべきなのである。それをせずにただ是正の行政指導をせ

よと単純に述べる報告書のナイーブさには、ため息が出てしまう。

● 廃棄物処理法強化の方向性

　廃棄物処理法が改正されるとすれば，産業廃棄物を発生させている排出事業者の責任強化および排出事業者を域内に抱える持出し側自治体の権限の強化であろう。同法は、「事業者は、…産業廃棄物の運搬又は処分を委託する場合には、当該産業廃棄物の処理の状況に関する確認を行い、当該産業廃棄物について発生から最終処分が終了するまでの一連の処理の行程における処理が適正に行われるために必要な措置を講ずるように努めなければならない。」（12条7項）と規定する。

　同法のなかでこの規定がリンクするのは、委託に係る産業廃棄物が不法投棄された場合において投棄者に資力がなく、「…第12条第7項…の規定の趣旨に照らし排出事業者等に支障の除去等の措置を採らせることが適当であるとき。」（19条の6第1項）という条文である。措置をさせる権限は、不法投棄地を所管する受入れ側自治体である。要するに、持出し側自治体において12条7項が的確に履行されるようにしなかった尻拭いを、受入れ側自治体がしているのである。冗談ではないといいたいところであろう。

● 排出事業者の義務強化

　そもそも、廃棄物処理法12条7項が努力義務である点に問題がある。これを「講じなければならない」と改正するとともに、義務懈怠に対する改善命令権限を、排出事業者の排出地を所管する自治体の長に与えるべきであろう。受入れ側自治体には、その長が持つ当該権限の発動請求権を与えてもよい。

　排出者からは、あちこちに域外搬出がされる。受入れ自治体から呼びつけられるのでは、排出事業者もたまらない。持出し自治体が域内の排出事業者を適切に監督する方が、コストの面でも安上がりである。こうした措置を講じて初めて、域外搬入協議制度の見直し論議は正当性を持つのである。

38

さらなる進化

―優良処理業者認定制度の将来―

● もう一歩先へ

　廃棄物処理法のもとでの産業廃棄物処理業者規制は、法改正のたびに厳格化してきた。しかし、締めるばかりではよい処理業者は生まれないという認識のもとに、優良産廃処理業者認定制度が、2011年よりスタートしている。これは、通常の許可基準よりも厳しい基準をクリアした産業廃棄物処理業者を、都道府県・政令市が審査し、「優良」と認定して公表する制度である。認定を受けた処理業者については、通常は5年の許可期間が、7年に延長される。2020年10月31日現在で、全国1,333の個人・企業が認定されている。許可は複数持っているのが通例であり、7年延長される許可の件数は、11,690件になる。

　ところで、「厳しい基準」といっても、そのレベルが相当に高く、認定される処理業者がほとんどいないとなれば、制度化の意味はない。したがって、現在では、少し頑張ればクリアできる程度の内容になっている。このため、現実に優良認定された処理業者であってもコンプライアンスの点で問題のある業者がまじっているという話を耳にすることがある。どのように考えるべきだろうか。

● 制度メンテナンスのあり方

　第1は、基準を厳格化して、真に優良な処理業者でなければ認定されないようにすべきという整理である。第2は、もうしばらくはこの状態を継続して、ある程度の認定業者が出るようになってから次の一手を打つべきという整理である。私自身は、第2説である。

　許可を得ているとはいえ、産業廃棄物処理業者の質は千差万別という評価が一般的である。許可取消が義務化されているとはいえ（廃棄物処理法14条の3の2）、取消件数はきわめて多い。環境省が公表を薦めていることもあり、許可権を持つ自治体のウェブサイトで「産業廃棄物許可＋取消」と入力すると、多くの取消実例を目にする。全国産業資源循環連合会の機関誌『いんだすと』には、毎号、全国の取消事例が公表されている。

● 優良処理業者育成方法

　不良業者の排除は、積極的に行われなければならない。その一方で、優良業者の育成にも力を入れるべきである。これは、補助金を出すという意味ではない。

そうではなくて、処理業者が自立的にその方向に向かうような仕組みをつくるのが必要である。ひとつのアイディアは、公共入札の条件にしてもらうことである。一定数の優良認定業者がいないと難しいが、一説では、1,000者あれば可能といわれるから、これは可能ではないだろうか。入札条件になれば、現在の高さのハードルであれば、超えてみようと考える者は多いだろう。

● **許可業者3分割！**

そのような状態になってはいるので、次の一手を打つ。現在、廃棄物処理法のもとでの許可基準は一律であるが、これを、たとえば3種類とする。現行基準が適用されるのは、第3種許可業者である。第2種許可業者は、優良認定基準をクリアした者とする。そして、さらに厳しい許可基準をクリアした者を第1種許可業者とするのである。そのうえで、従うべき基準やできる内容に違いを設ける。

第1種許可業者については、一定の企業規模を基準としたり、環境大臣許可ひとつでよいようにしたりする。収集運搬から最終処分までの一貫処理体制を必要とするという発想もある。その場合には、マニフェスト義務を免除するのはどうだろうか。再委託や車両の貸し借りに関しては、柔軟に認めてよいかもしれない。その代わり、一貫処理過程で発生した不適正処理や不法投棄に対しては、問答無用で原状回復義務を負わせる。

● **インセンティブを創出する**

マニフェスト義務免除のほか、排出事業者が第1種許可業者を選択するメリットとしては、どのようなものがあるだろうか。委託料を損金算入する際に、これを2倍とするような措置は考えられないだろうか。現地確認は不要としてよいのではないか。

現在、どの廃棄物をどの程度排出するかは、排出事業者が決定している。その過程に第1種許可業者を参加させ、コンサルティング機能を発揮させたい。「より少なく・より安く」委託するためのアドバイスは、料金を払っても買いたいと思うのではないだろうか。「廃棄物アセスメント」の制度化である。

排出事業者に対して対等な立場で契約を締結できるような「強い産廃業者」が一般的にならなければ、廃棄物処理法のもとでの適正処理は実現しない。その過程では、業者の合併統合があり、業界としては、必ずしも望ましくはないかもしれない。しかし、この国の産業廃棄物処理を考えるならば、避けては通れない道のように思う。

39

やはりザル法？

―鳥獣保護管理法と愛がん目的捕獲規制―

● メジロ密猟の温床

　メジロの密猟撲滅の運動をする環境NPOにとって深刻な問題だったのは、長らく鳥獣保護管理法が、国内のメジロに関して、「愛がん目的の捕獲」と「1世帯1羽」を認めていたことであった。加えて、輸入メジロについては、運用として、民間団体が発行する鳥獣輸入証明書の添付を認めていたことであった。

　これが、国内でのメジロ密猟の温床となっていた。国内産メジロは、鳴き声がよいとされ、コンテストで優勝でもしようものなら、数百万円で取引きされるという。そこで、国内産メジロを大量に密猟して飼育し、利益を得ようとする者が後を絶たなかった。「1世帯1羽」ルールがあるが、中国産メジロと称して国内産メジロを飼育し、それに鳥獣輸入証明書をつけておくのである。通常の行政職員や警察官では、メジロの区別ができにくいため、客観的には国内産密猟メジロがほとんどであっても書類上は1羽しかいないという実態に対して、効果的な措置が講じられなかった。古来よりあった「純粋愛がん目的飼養」なら、ある意味、可愛いものであるが、それを隠れ蓑にした不法収益獲得行為がされるとなると、放置するわけにはいかない。

● 捕獲全面禁止の意義

　そこで、2006年の改正によって、輸入メジロのすべてに脚環装着が義務づけられた。さらに、2012年からは、愛がん目的での捕獲が原則として許可されなくなったとされる。ここでは、後者について考える。

　この仕組みは、大要次の通りである。鳥獣保護管理法9条は、「愛玩のため飼養」という目的での捕獲を、都道府県知事の許可制としている。許可基準は、同条3項が規定する。その規定ぶりは、「次の各号のいずれかに該当する場合を除き、…許可をしなければならない。」である。これだけをみると、申請者側には「捕獲の自由」があるかのようである。この時代にこの規定ぶりはないだろうと思うが、それはさておく。

● 残る抜け穴

　環境省は、鳥獣保護事業実施のための基本指針を策定しなければならない（3条）。基本指針をみると、「愛玩のための飼養の目的で鳥獣を捕獲することについ

ては、違法な捕獲や乱獲を助長するおそれがあることから、原則として許可しない」とある。もっとも、一切禁止ではない。特別事由の場合は認められるとして、「野外で野鳥を観察できない高齢者等に対し自然とふれあう機会を設けることが必要である」を例示する。許可申請は高齢者（何歳以上だろうか）等から依頼を受けた者でもいいが、もちろん野放しではない。①捕獲対象はメジロのみ。②許可対象者あたり1羽・飼養世帯あたり1羽、などとなっている。

「高齢者のための代理捕獲」という特別事由の判断は、許可権者である知事の解釈に委ねられる。通常は、「その通りやっておこう。」となるだろう。実際、そういう方針である行政も多い。その結果、原則禁止とはいいつつ、抜け穴は完全にはふさがっていない。

● タテマエと現実

許可申請にあたって委任状は提出させるだろうが、それが真正であることをどうやって確認するのだろう（難しいだろう）。その「高齢者等」は全国にいるから、効率の良い一網打尽的捕獲もなされるのではないか（そうなるだろう）。捕獲されたメジロが確実に高齢者等のところに渡ることをどうやって確認するのだろうか（無理だろう）。高齢者等が「もういらない」といえば（あるいは、そういわせれば）そのメジロは確実に放鳥されるのだろうか（するわけがない）。捕獲したメジロすべてに知事が脚環をつけるのだろうか（無理だろう）。高齢者等への配慮が適正な政策であるとしても、鳥獣保護管理法のもとでの仕組みとしては破綻しているというほかない。ザル法という環境NPOの批判はかわせていない。

● 甘い要件

より根本的に気になるのが、許可基準である。9条3項に列挙される基準のうち、原則禁止とする方針に関係するのは、捕獲が鳥獣保護・生態系保護に「重大な支障を及ぼすおそれがあるとき」（2号、3号）である。1羽かぎりの捕獲がそのような影響を及ぼすだろうか。相当多くの捕獲になればそうともいえるが、「1羽捕獲許可」の申請に対して、これを理由に不許可とするのは無理である。

メジロ捕獲の絶対禁止が国家的政策であれば、自治体の解釈に委ねるべきではなく、全国画一的に法律で明記すべき事項である。基本指針は、愛玩飼養目的の捕獲は「今後廃止を含めて検討」と控えめにいう。かつては、「今後廃止する方向で検討」とされていたが、前進なのか後退なのか。どのような改正になるかはさておき、他の目的と一緒に9条に同居させるのは無理なような気がする。

40

動物愛護管理法と条例

―「代えて」は「ほか」を含むのか？―

● 第1種動物取扱業

　動物愛護管理法は、1973年に、議員立法として制定された。立法当時の名称は、「動物の保護及び管理に関する法律」であり、1999年に改称された。その後数次の改正により規制が拡大・強化され、現在に至っている。直近の改正は、2019年である。

　動物愛護管理法の内容は多岐にわたるが、そのひとつとして、「第1種動物取扱業」の規制がある。本法における「動物」とは、基本的に「哺乳類、鳥類又は爬虫類に属するもの」で特殊用途（例：畜産業、実験用）に供されないものである。その販売、貸出し、展示等を業として行う者が、第1種動物取扱業者であり、都道府県知事・政令指定都市の長の登録制となっている（10条）。

● 重要な動物管理基準

　注目したいのは、第1種動物取扱業者に関する動物管理基準である。同業者には、動物の健康・安全保持および生活環境保全の観点から、環境省令基準の遵守が義務づけられている（21条1項、施行規則8条）。これは、全国一律基準であるが、動物愛護管理法は、条例による対応も明記している。

　すなわち、「その自然的、社会的条件から判断して必要があると認めるときは、〔都道府県または指定都市は、〕条例で、前項の基準に代えて第1種動物取扱業者が遵守すべき基準を定めることができる」のである（21条2項)。「代えて」という文言にズームインしたい。

　「代える」の国語辞典的意味は、「それを取り除き別のものにする。」（『広辞苑〔第7版〕』501頁）である。法律用語は、ときにそれとは異なる意味を持つ場合もあるが、「代える」に関しては、同様であるとみられる。たとえば、水質汚濁防止法3条3項は、環境省令が規定する排水基準に「かえて」適用する厳しい上乗せ基準を条例で定めると規定するが、これは、まさに、「省令基準を取り外して条例基準をはめ込む」（そのかぎりで、省令基準の効力はなくなる）のである。

● 「代えて条例」の現状

　この「代えて条例」であるが、環境省自然保護局動物愛護管理室によれば、制定実績はないとのことであった。省令の規制内容については、業者サイドとNPO

サイドの両面から、厳しい注文がある。省令の制定は、複雑な利害調整の結果とみられ、これを修正するのは困難であるように感じた。

　それでは、自治体は省令基準のみを用いているのかといえば、そういうわけではない。典型的には、「動物の愛護及び管理に関する条例」のなかで、独自基準が規定される場合がある。いくつかの条例を調べたのであるが、興味深い事実に気がついた。「動物愛護管理法21条１項の基準のほか、条例に定める基準を遵守しなければならない」と規定されているのである。

● 「ほか条例」の意味

　「ほか」というのは、「以外」というのが国語辞典的意味（同前2688頁）である。法律用語としてもそうであろう。要するに、省令基準は維持しつつ、プラスアルファとして追加するという趣旨に思われる。

　そうであるとすると、少々困った問題が発生する。自治体が追加した基準に従わない第１種動物取扱業者がいた場合である。省令基準であれば、動物愛護管理法は、「勧告⇒公表⇒命令⇒罰則」を規定する（23条、46条４号）。この措置の対象となるのは、同業者が省令基準またはそれに「代えて」定められる条例基準を遵守していないときである。追加的条例基準は、「代えて」定められる条例基準になるのだろうか。

● 法律規定条例のつもり

　かりにそうならなければ、追加基準は「義務づけっぱなし」になり、不遵守に対する特段の措置はない。この点について、条例を制定しているいくつかの自治体にヒアリングをしたが、すべてが「代えて」に含めて解釈すると説明した。すなわち、追加基準不遵守に対して、動物愛護管理法を適用するのである。その論理は判然としなかったが、省令基準だけではなく条例で追加もしているので、それを全体としてみれば、「代えている」と考えているようにも思えた。

　第１種動物取扱業者に関する事務はそれを担当する自治体の事務だから、独立して法律解釈ができる。それはそうなのであるが、解釈として適切だろうか。どうも言葉の範囲を超えているように思える。法技術的には、「勧告⇒公表⇒命令⇒罰則」という動物愛護管理法の仕組みを条例にコピペすればよいだけなのであるが。

　なお、動物愛護管理法の命令については、実績があまりないという。そうした措置が講じられると脅し、行政指導によって基準に従わせているのなら、条例について上記の解釈をとっていても、あるいは実害はないかもしれない。

41

声をあげよう！

―象牙規制における都の役割―

● ゾウの法的地位

「絶滅のおそれのある野生動植物の種の国際取引に関する条約」（ワシントン条約、CITES）のもとで、アジアゾウは、附属書Ⅰに掲載され、商業取引が禁止される。アフリカゾウは、ボツワナ、ナミビア、南アフリカ、ジンバブエの個体群については附属書Ⅱに掲載されて商業取引は可能であるが（もっとも、現実には、ほぼ不可能）、それ以外の地域のものは附属書Ⅰに掲載されている。

もちろん、商業的関心は、巨大なゾウの個体全体ではなく、象牙にある。こうした状況を受けて、象牙については、2016年のCOP17において、管轄下に密猟や違法取引に寄与する合法の象牙国内市場を有するすべての締約国および非締約国は、象牙および象牙製品の商業取引市場の閉鎖のためにあらゆる立法上、規制上、執行上の行動を速やかに講ずることを勧告する決議が採択された。条約は改正されていないが、ソフトローとして、より厳格な措置が合意されたのである。

● 象牙取引規制の状況

たとえば、中国はすでに商業目的の販売を禁止し、香港は2021年末までに国内取引を禁止することを決定した。市場閉鎖である（もっとも、限定的な例外はある）。これらの地域においては、国内において象牙製品を購入することはできなくなった。条約以上の国内措置を講じたのは興味深い。もっとも、象牙製品は人気商品であり、需要は相当にあるといわれている。

● 自由な日本市場

ここで懸念されるのが、そこまでの厳格な規制がされていない日本市場である。日本国内には、適法にせよ違法にせよとにかく過去に輸入された象牙のストックが相当にある。種の保存法のもとでは、全形牙は、無登録での譲受や販売目的での陳列・広告が禁止される。カットピースや製品についていうと、これらの商業取引をする者は、環境大臣および経済産業大臣への登録が義務づけられている（5年更新制）。無登録者の販売目的での陳列・広告は禁止である。しかし、これには適用除外規定が多くある（12条1項、17条）。適用除外事由に該当しているかぎりは、国内取引は適法であるが、実際に取引対象となる象牙製品が適法なのか違法なのかは、「よくわからない」のが実情である。

　登録制のもとで取引きを許容する日本型の制度については、国際的にも批判が
あるらしい。これに対しては、需要があるなかで市場を閉鎖すれば、闇市場が活
性化するのは明白であるから、厳格化された手続による適正な国内取引だけを厳
正な監督のもとに認める方が合理的という反論がある。問題は、きわめて複雑化
した種の保存法の規制の的確な執行が果たして可能かである。

　種の保存法は、規制実施主体として、中央政府しか規定していない。環境法と
しては珍しい国事務完結型法律である。条約の国内実施をどのような制度設計に
よって確保するかは国家の裁量であるが、日本国は、そのような選択をした。十
分な自信があるというのであろうか。

● **横行する密輸出？**

　さて、現実はである。環境省のウェブサイトには、「日本では違法な象牙の密輸
を厳格に取り締まっており、近年、象牙の大規模な密輸入事例や密輸出事例は確
認されていません。」というコメントがある。もっとも、これは、厳格に取り締まっ
ている「はず」だから、確認されていない「はず」といっているにすぎないので
はないか。実際、環境NPOは、具体的な証拠を提示しつつ、こうした認識は現実
をみていないとして批判的である。こうしたなかで、東京都が、「象牙取引に関す
る国際的な関心の高まりを受け、国際都市である東京がなすべき対策を検討する」
ことを目的に、2020年1月、「象牙取引規制に関する有識者会議」を設置した。
そこでは、「象牙取引の適正化」に対して都に何ができるかが検討されている。

　この時期に立ち上げられた理由は、ひとつには、2020年オリパラであった。観
戦に多くの外国人観光客が来日し、(とりわけ、象牙を好む)外国人が国内で合法
的に入手したものを違法に持ち出すことが懸念されたからである。ひとたび入手
されてしまえば、出国時にチェックするのは、現実には困難である。

● **都にできること**

　そうなると、誰に対しても販売させないのが、もっとも効果的である。これが、
いくつかの国で採用されている市場閉鎖である。それは難しいとしても、「東京都は、
国際標準である市場閉鎖方針を支持する」という「No Ivory Tokyo宣言」くらい
はできるだろう。それでも踏み込みすぎというのであれば、「東京都は、種の保存
法の厳格実施を支持する」という「No Ivory Export Tokyo宣言」は可能である。
頭文字をとってNIET宣言。オランダ語で、「NO」の意味らしい。あるいは、第3
の方法があるだろうか。

42

置物1個、懲役5年・罰金1,000万円!?

―象牙製品の国外持出し規制―

● ある設例

たまたま自宅に、今は亡き祖父が所持していたかわいい象牙製の小さな置物がある。自分はいらない。明日からの海外旅行の際に、ホームステイ先へのお土産に持っていってあげよう。きっと喜んでもらえるはず。タオルでくるんでスーツケースに入れ、航空会社のカウンターでチェックイン。さあ出発だ。

ありそうな話である。この行為が法的にどのように評価されるのかを考えてみよう。

● 象牙の法的地位

そもそも象牙とは何か。環境法的にみれば、ワシントン条約（CITES）のもとで厳格に国際商業取引が規制されているものである。これは、ゾウの「個体の部分若しくは派生物」であり「標本」と定義されている。附属書Ⅰ～Ⅱの対象である。少なくとも現在では、（密輸入は別にして）正規ルートで国内に持ち込まれることはほとんどないような法制度になっている。

● 国内法の規制

前述の設例で問題になるのは、個人の所有物として国内に存在する象牙製品である。この国外持出しは、法的には「輸出」とされる（かつて輸入された象牙の場合、正確には「再輸出」となる）。主として適用されるのは、外為法である。

象牙に関しては、種の保存法15条2項が、「特定第一種国内希少野生動植物種以外の希少野生動植物種の個体等を輸出…しようとする者は、〔外為法〕…第48条第3項…の規定により、輸出…の承認を受ける義務を課されるものとする。」と規定する。象牙は、希少野生動植物種に該当する。

外為法を受けて、輸出貿易管理令が具体的規制を規定している。外為法48条3項にもとづき、特定の貨物の輸出入、特定の国・地域を仕向地とする貨物の輸出、特定の国・地域を原産地・船積地とする貨物の輸入などを行う場合には、輸出貿易管理令2条1号・別表第2「36」にもとづき、経済産業大臣の輸出承認が必要となる。

経済産業省は、「絶滅のおそれのある野生動植物等に係る輸出許可書等の申請手続等について」（輸出注意事項55第17号）（昭和55年11月1日）を定めている。そこには、承認の基準が規定されているが、象牙に関しては、2つの場合がある。

第1は、「ワンオフトレード」といって、1999年と2009年の2回、まとまった量の象牙が輸入されたが、その象牙に関するものであり、これについては、申請をしても認められない。また、それ以外の象牙については、CITES適用前に輸入されたものについてはその旨の確認ができた場合、適用後のものについては輸出国の輸出証明が確認できた場合にのみ認められる。しかし、加工された象牙製品について、それを証明するのはまず不可能であろう。

　したがって、設例のような行為は、結局は無承認持出しとなる。外為法48条3項違反であるが、これに対しては、「5年以下の懲役若しくは1,000万円以下の罰金に処し、又はこれを併科する」とされる（69条の7第4号）。

● 困難な取締り

　それでは、こうしたちょっとした行為は、厳格な刑罰の対象になるのだろうか。結論からいえば、おそらくはそうはならない。というのも、故意犯しか処罰されないからである。過失犯を処罰したければ、その旨を法律で明記しなければならない。

　象牙製品の持出しに関する一般市民の認識はどうだろうか。象牙目あてのアフリカゾウの密猟が禁止されているのは知っているだろうが、手持ちの象牙製品の持出しが原則禁止とは知らないのが通例ではないだろうか。

　また、かりに故意犯としても、輸出には関税法も関係する。こちらは未遂罪を規定するけれども、出国時に検挙するのは無理である。何かのきっかけで無承認持出しの事実が判明したとしても、帰国後に立件しようとすれば、お土産として贈呈された象牙製品が国内から持ち出されたものであることを立証しなければならない。営利目的の反復継続的な組織的犯行ならば別であるが、「素人さん」のこうした行為に対して国際刑事捜査がされるとは考えにくい。したがって、たしかに違法ではあるけれども、実際には「やったモノ勝ち」状態になっている。

　種の保存法のもとでは、登録を受けた特別国際種事業者から象牙製品を購入するのは適法である。自宅にある象牙製品のみならず、わざわざそれを買ってお土産として持ち出すのは違法であるが、現実には可能となっている。同じことは、象牙製品購入目的のインバウンド客についてもいえる。故意かどうかはさておき、強行突破されればお手上げなのが実態である。残念ながら、外為法と関税法の「水際二法」は、ザル法と化している。

43

自然公園法改正の方向
―『今後の自然公園制度のあり方に関する提言』読後感―

● 自然公園法2021年改正

　2020年5月に、環境省自然公園制度のあり方検討会『今後の自然公園制度のあり方に関する提言』が公表された。自然公園法を担当する環境省自然環境局国立公園課が、2021年の同法改正をにらんで、その方向性を示したものである。その時点における同課の想いが語られている。

　このたび、提言を読む機会があった。自分の環境法テキストのなかで、自然公園法について（わかったような）解説をしているものの、実は、同法の運用の実情について詳しくはなかったのでいい機会となった。以下では、私の関心にもとづいて、提言が示している認識や将来の法政策の内容を紹介しよう。

　自然公園法の大きな改正は、2002年、2009年とあった。2009年改正は、その前年に制定された生物多様性基本法を受けて、目的規定に生物多様性確保への寄与を追加するとともに、海中公園地区の海域公園地区への改変や生態系維持回復事業の創設などが規定された。附則には、施行5年経過時点における見直し検討開始条項が付されていた。施行が2010年、5年経過が2015年。いささかのんびりしたペースで、法改正を目指した検討がされたのである。

● 不発の新制度

　2002年改正による利用調整地区制度は、オーバーユース対策として、持続可能な公園管理の観点から注目されたが、2006年および2010年の指定2例にとどまっている。この点に関しては、「指定にあたっては合意形成が困難であること、指定認定機関の担い手が不足していること等の理由」があるとされる。しかし、そうした事情は後発的なものではないため、見通しの甘さを批判されても仕方がない。同様のことは、2002年改正により導入され、2年の実績しかない風景地保護協定制度についても妥当する。

　「制度の周知やメリットが不十分等の理由」といわれても、「何を今更」でありとまどってしまう。同改正により導入された公園管理団体制度の利用は、5団体にとどまる。

　「公園管理団体となるメリットが不十分、営利を目的とする団体を指定することができない等の理由」で指定団体数が限定されている。環境省の関係団体といえ

る自然保護財団が14公園18地域で「孤軍奮闘」しているほかは、4団体の4公園内の活動にとどまる。2002年改正は、新しい管理手法を鳴り物入りで新設したけれども、ことごとく悲惨な結果に終わっているというほかない。

　利用調整地区制度については「柔軟な運用ができる」ように、風景地保護協定制度については「制度の運用上の工夫等を検討」、公園管理団体については「役割や指定のあり方について再検討」というのが提言である。「この人たち、大丈夫かなあ」と、国民は感じるだろう。

● **公園事業制度の強化**

　私の興味を引いたのは、公園事業に関する記述である。公園事業とは、公園計画にもとづいて執行される事業であり、国立公園においては、国が主体となる。道路事業、宿舎事業、スキー場事業、運輸施設事業などのハードである。これは、いわば「容れ物」である。直営の場合もあれば、環境大臣の10条3項認可を受けて民間企業がホテルを建てる場合もある。その民間企業の運営が、資金や努力の不足により継続困難となり、施設が放置され廃屋化して景観支障物件となっている事例が続発しているらしい。2009年改正では、認可時における経営方法審査の明記および条件付記、改善命令、原状回復命令などが規定された。問題を発生させているのは、改正法施行後に認可された新規案件ではなく、以前からの事業である。したがって、改正法以前に認可された対象物への適用の可否が問題となる。

　提言は、「これらの改正により、公園事業に対して一定の監督機能の強化が図られた」としつつ、適用事例はないという。この記述があるから、適用は可能なのだろう。しかし、事例がないのは、認可後の運営状況把握が容易ではないからららしい。たしかに、通常の要許可行為に対するような報告徴収に関する規定はない。

● **強気に出ない国**

　しかし、少々奇異に感じる。そもそも公園事業は、国が独占的に執行する。それを、民間に「させてあげる」のである。そうであれば、民間が建築したホテルが経営不振に陥って廃業し老醜をさらすような状態を、命令もせずになぜ許すのだろうか。なぜ積極的に経営介入をしないのだろうか。認可事業に関する営業の自由の制約は、強度なはずである。これまた、「この人たち、大丈夫かなあ」と、国民は感じるだろう。

　自然公園法はどのように対応するのだろうと関心を持ってみていた。結局は、提言に沿った形で改正されている。

44

リニアプロジェクトの置き土産

―大量建設発生土の処理方法―

● 膨大な建設発生土

　産業廃棄物処理業界の専門誌『いんだすと』29巻11号（2014年）45頁以下に、佐藤正己「リニア中央新幹線の建設に伴う建設発生土について」が掲載された。東京都・名古屋市間の路線延長約286kmの約86％がトンネルとなることから、これまで経験したことのないような量の建設発生土が生み出される。それをどう扱うのかについて概説したものである。内容を紹介するとともに、若干の検討をしてみたい。

　建設・営業主体は、ＪＲ東海である。2014年８月に、「中央新幹線（東京都・名古屋市間）環境影響評価書」（アセス評価書）が確定した。それによれば、事業全体により生み出される建設発生土は約5,680万㎥、建設汚泥は約679万㎥、コンクリート塊は約15万㎥、アスファルト・コンクリート塊は約４万㎥、建設発生木材は約15万ｔと見込まれている。工事によって、超大量の置き土産がもたらされる。

● 産廃でないゆえノールール

　これらの建設副産物のうち、建設発生土以外は産業廃棄物であり、循環的利用なり適正処理なりがされる。ところが、量において群を抜く建設発生土は、産業廃棄物ではなく、これを規律する法律は存在しない。現在、利用先が示されているのは、約1,470万㎥（約26％）となっている。この手の予測は、期待を込めた楽観相場になるのが通例であるから、それなりに割り引いて考えるべきであろう。アセス評価書には、建設発生土に関する国土交通大臣意見および環境大臣意見が付されているが、「適切にやってね」という程度の内容しかない。

　さて、どのように考えるべきだろうか。リニア計画とは関係なく、建設土木工事現場から発生する建設発生土は、1990年代後半から関東圏で問題視され、千葉県や神奈川県などが条例を制定して対応をしていた。しかし、国法は制定されていない。

　必要がないから制定されていないとは思えない。建設発生土は、廃棄物処理法上の廃棄物ではないと中央政府は解釈しているため、条例を制定している自治体以外では無規制であり、そのようにしておく方が、何かと都合がよいと整理しているのではないだろうか。

年間の建設発生土排出量は、2012年度が約1億4,079万㎥である。2014年度中に工事が開始され2027年度に開業というから、合計13年間の発生量が約5,680万㎥であり、年間にならすと約437万㎥となる。これだけをみれば「大したことはない」かもしれないが、ひとつのプロジェクトに起因する量としては、膨大である。

● **どう処理するのか?**

発生したものは極力現場で再利用するだろうが、全体からみればわずかでしかない。あとは、場外での再利用か処分である。処分とは、国内では、堆積か埋立てである。リニア計画が国家的プロジェクトであるならば、工事に起因する建設発生土対策も国家的に考えるべきであろう。たとえば、特定工事起因建設発生土対策特別措置法を制定し、規制対象として「建設発生土」を正面からとらえる。そして、国民の健康および生活環境を保護法益とする措置を規定するのである。原因者負担原則を明記し、事業主体に適正処理に関する第1次的責任を課すようにする。もっとも、具体的な制度設計は難しい。

基本的に汚染されていない土壌であるとすれば、公共工事や民間工事の情報ネットワークを構築し、それへの利用が優先される。防潮堤工事などの利用が見込めるだろうか。しかし、需要と供給のタイムラグ発生は不可避である。利用計画がない場合には、一時保管となる。地域拠点を用意すべきだが、海面埋立によるわけにはいかないのが難である。

● **見えない処理方法**

この法律で、何といっても重要なのは、保管や処理をする場所である。法律がない現在、この点は曖昧であった。それが制度的に確保できるか。それができないとなると、輸出以外にないが、それは不可能である。特定工事起因建設発生土などと素性を明らかにすると、受け入れ先がなくなり、ダンプが右往左往するかもしれない。

このように考えてくると、国にとっては、現状の法状態がベストにも思えてくる。特別措置法などは、「言わぬが花」なのだろうか。処理対策がないままに工事は進む。「トイレなきマンション」に近い状態なのは、動かせない事実である。マニフェストなども整備はするのだろうが、「闇に葬られる建設発生土」が発生しないか、気がかりである。都道府県は、残土規制条例を制定し、先手を打った自衛措置を検討する必要がある。

45

裁量は悪か？

―信頼性・安定性あるルールづくりのために―

● 予測可能性は重要

　利潤追求を旨とする事業者にとって、効率的な意思決定をするためには、様々な事態についての予測可能性が高いことが重要である。たとえば、決着がつくまでにどれくらいの期間を要するかがわかっていれば、それに関するコストを計算し、そのときまで頑張るか、そうせずに撤退するかの判断ができる。

　行政の裁量とどうつきあうかは、事業者の悩みのひとつである。いつどのような判断がされるかが読めないのでは、不安で仕方がない。このため、「行政の裁量は極小化する方がよい。」という言い方がされることがある。

　基準の単純な適用であれば、それなりの専門性があればよいのであり、判断主体は行政である必要もない。行政裁量が極小化できるような事務は、制度としてアウトソーシングすればよい。建築基準法のもとでの建築確認事務が、現在ではいわゆる民間主事でもできるようになっているのはその例である。道路交通法のもとでの運転免許事務も、そうしていいだろう。

● 「裁量はない」という認識

　ここでは、少し逆説的であるが、「行政に裁量はあるが判断が安定しているので予測可能性が高い」という場面を考えてみたい。念頭においているのは、前述の建築確認である。確認対象となる内容には、単体規定と集団規定がある。単体規定とは、個々の建築物について、その構造・耐力や建築設備などに関する規制である。集団規定とは、個々の建物と周辺環境との関係に関する規制であり、用途、建ぺい率、容積率、高さ制限、各種斜線などがある。

　現行法では、単体規定と集団規定のいずれの基準適合性判断も建築確認の対象とされている。これらは、裁量判断の余地がない専門技術的基準の適用と考えられているのである。

　私は都市計画の専門家ではないが、この仕組みには違和感がある。たしかに、単体規定はいわば内向きの規制であり、当該建築物だけを考えればよい。これに対して、集団規定は外向きの規制であり、地区の特性や街並みなどの都市環境文脈のなかで判断されるべきもののように思う。たとえば、同じ建ぺい率と容積率に適合するデザインの建築物であっても、それがどの街角に立地するのかで、周

囲に与える影響は、それなりに違ってくるはずである。しかし、現行の建築確認
制度には、そうした配慮はない。集団規定は周辺環境との関係に関する規制とい
うけれども，用途にあてはめられた数値基準を充たしていれば周辺環境との関係
は良好に確保されるという発想があるようにみえる。専門外の私には、まったく
信じがたい幻想である。

● **認められるべき裁量**

集団規定は、建築確認制度から切り出して、別の受け皿を用意し、行政裁量の
なかでその周辺環境適合性を評価する仕組みにするのが合理的であると思う。もっ
とも、そのようにすれば、行政裁量があることにつけこむ怪しげな勢力が不可避
的に存在し、公平な行政が歪められるという見方もありえよう。行政職員にとっ
ては、機械的に判断できるのが、責任回避の点でも好都合であるには違いない。

しかし、制度は行政職員のためにあるわけではない。現在そして将来の住民の
ためにある。市町村にはマスタープランがあるというから、それへの適合性を個
別に審査する裁量権を行政に与えるべきではないか。それを担当する行政には、
専門性が不可欠である。それは、個々の職員というよりも組織として保持するべ
きものである。

● **議論による定着が必要**

判断の蓄積により、基準適用についての「相場」が形成され、裁量権はその範
囲で行使させるから、事業者にとっても予測可能性が高いものとなる。判断基準
およびその適用は、争訟の場で争えるようになっていることも重要である。拒否
処分を受けた事業者だけでなく、住民にもその権利を与えるのは当然である。事
業者、住民、裁判所などに打ち鍛えられて、適用されるルールの質が向上し、内
容は彫琢され、社会的な支持を得るようになる。信頼性と安定性のあるルールが
形成されるのである。

そうなるまでには、たしかに時間を要する。要するけれども、それはかけるに
値する社会的コストであるように思う。以上、都市計画を知らない素人の雑感で
ある。

46

見事な工作物

―「奇跡の一本松」と建築基準法―

● 震災遺産

3月11日がめぐってくると、2011年のあのときの状況や復興に関する報道が急に多くなる。そのなかで触れられることが多いのが、陸前高田市にあるいわゆる「奇跡の一本松」である。「ああ、あれか。」と思い出す人が多いだろう。かつては白砂青松を誇った高田松原が津波によって無残に破壊されたなかで、一本だけ残った27メートルほどの松の木の姿は、たしかに感動的である。同市のウェブサイトは、その内容を詳細に伝えている (https://www.city.rikuzentakata.iwate.jp/machizukuri_sangyo/kisekinoippommatsu)。

もちろん震災直後は、生木であった。しかし、あれだけの海水をかぶったために、徐々に衰弱し、ついに2012年5月に枯死が確認された。ウェブサイトは、次のように語る。「震災直後から、市民のみならず全世界の人々に復興のシンボルとして親しまれてきた一本松を、今後も後世に受け継いでいくために、陸前高田市ではモニュメントとして保存整備することといたしました。それが『奇跡の一本松保存プロジェクト』です。」

● 実は人工物

「モニュメント」という言葉に注目しよう。そう、現在の「奇跡の一本松」は、「つくりもの」なのである。それでは、それは、法的にはどのように整理されるのだろうか。実は、建築基準法のもとでの「工作物」である。同法には、工作物を正面から定義する規定はない。人工的に作られたものというほどの意味なのであろう。

工作物といっても、そのすべてが建築基準法の規制を受けるわけではない。一定の規模以上である必要がある。一本松は、建築基準法施行令138条1項3号にいう「高さが4メートルを超える広告塔、広告板、装飾塔、記念塔その他これらに類するもの」に該当する。モニュメントというくらいであるから、記念塔だろうか。

● 出された建築確認

そうなると、建築基準法88条1項の規定により、政令で指定される工作物に対しては、建築基準法6条（建築物の建築等に関する申請及び確認）が適用される。すなわち、建築主事の建築確認を受けなければならないのである。なお、地元の陸前高田市には、建築主事はいない。そこで、岩手県大船渡地方振興局にいる建

築主事が建築確認をし、完了検査もしている。

● てっぺんに何かが

　一本松の近くに行くには、駐車場で車を降りて、10分ほど歩かなければならない。歩を進めるにつれて、その姿が大きくなるのであるが、松の上部になにやら棒のようなものが建っているのに気づく。写真で確認できるだろうか。避雷針である。実際、何回か落雷を受けているようである。

　避雷設備（避雷針はそのひとつである）を設置する根拠は、建築基準法33条にある。同条は、「高さ20メートルをこえる建築物には、有効に避雷設備を設けなければならない。ただし、周囲の状況によって安全上支障がない場合においては、この限りでない。」と規定する。ここでは、「建築物」とあるが、上述のように、同法88条が6条の規定を準用しているため、政令で指定される工作物についても避雷設備が必要になる。一本松の高さは27メートルであるし、周囲に何もないから適用除外の場合にも該当しない。

　これが「奇跡の一本松」に対する法律関係である。「工作物」などというと興ざめであるが、多くの関係者の思いが結集・凝縮した見事な作品である。幹の樹皮などは、本当に精巧にできている。姿は華奢であるが、全国・全世界に対して、これからもたくさんのメッセージを発してもらいたい。

「奇跡の一本松」の現在。海との間にユースホステルがあったために津波の影響が緩和され倒れずにすんだと聞いた（2015年8月筆者撮影）。

47

建てる廃棄物？

―老朽不適正管理空き家の法的性質―

● 廃棄物は不要物

廃棄物とは何か。法的には、廃棄物処理法2条1項が、「汚物又は不要物」と定義している。一般的には、このうち不要物のことである。私たちがごみステーションに持っていく家庭ごみがそうであるし、事業活動に起因する廃タイヤや汚泥のような産業廃棄物もそれである。

それでは、居住されないまま長期間が経過し、管理不全のままに老朽化が進行し、たとえば、屋根が崩落していたり壁が剥落していたりする一般住宅の空き家はどうだろうか。

登記制度の対象になっているし、何といっても不動産なのであるから、それが廃棄物になるというのはおかしいのではないか…。そのように感じるのが通例であろう。しかし、そういいきれるのだろうか。少し考えてみよう。

● 不動産は廃棄物にならない？

不動産登記法2条1号は、不動産について、「土地又は建物をいう。」と規定する。たしかに、廃棄物とされるもののほとんどは動産である。しかし、土地はさておくとして、建物については、不要物になれば廃棄物になるのではないか。不動産は廃棄物にならないと明記する法律はない。

廃棄物処理法のもとでの廃棄物該当性判定基準としては、いわゆる「おから決定」において最高裁が示した総合判断説が有名である（最二小決平成11年3月10日刑集53巻3号339頁）。すなわち、「自ら利用し又は他人に有償で譲渡することができないために事業者にとって不要となった物をいい、これに該当するか否かは、その物の性状、排出の状況、通常の取扱い形態、取引価値の有無及び事業者の意思等を総合的に勘案して決するのが相当」というのである。本件は、産業廃棄物に関する事件であったために「事業者」とされているが、「所有者・占有者」と言い換えてよい。

あてはめをしてみよう。性状については、朽廃が激しく使用に耐えるような状態ではなく、そうした状況での放置によって、周辺の生活環境に影響を与えている。通常の取扱い形態としても、そうしたものについて、有価物としての市場が形成されているとはいえない。取引きされるようなものではないから、取引価値はない。

所有者は不要と考えている。問題になるのは、「排出の状況」である。

● **放置による消極的排出**

通常、廃棄物は、積極的な排出行為によりうみだされている。ところが、たんに老朽化しているのは不作為の結果であるから、「排出」がないともいえる。しかし、資材置き場に積んである物品について、所有者は最初必要と思っていたがそのうちいらなくなり、管理もせずたんに放置していたために劣化が進行して廃棄物となることはあるから、排出行為が必須というわけではない。

このように考えると、老朽不適正管理空き家のなかには、廃棄物処理法上の廃棄物と評価されるものもあるように思える。まさに、「建てる廃棄物」である。そして、放置している行為が「捨てる」とみなされる場合もあるだろう。そうだとすれば、そのような状況で放置しているのは、「何人も、みだりに廃棄物を捨ててはならない。」と規定する廃棄物処理法16条に違反する不法投棄ということになる。

● **家庭系一般廃棄物？**

もちろん、通常は、そうは考えないため、たとえば、そうした家屋を解体するのは、解体業者の事業活動となり、それにより発生する建設廃材は、解体業者が排出者となる産業廃棄物である木くずとなる。ところが、「建てる廃棄物」とすれば、一般住宅であるかぎりは一般廃棄物である。したがって、処理責任は市町村にある。一方、収集できる状態にする責任は排出者にある。市町村には、解体をする責任があるわけではない。

それが一般廃棄物であるとして、放置が周辺の生活環境保全上の支障を及ぼしているのであれば、廃棄物処理法19条の４にもとづいて、市町村長は、「排出者」である所有者に対して、除却および適正処理を命ずることは可能になる。除却というが、すでに廃棄物になっているために、新たにそれを発生させるわけではない。

● **解体は中間処理？**

もっとも、一般住宅の所有者が独自に解体をするのは不可能である。それでは、業者がとなるが、それが一般廃棄物であるとすれば、解体というのは、現場における一種の中間処理になる。しかし、一般家庭から排出される一般廃棄物の中間処理をする許可業者はそれほどはいないだろう。そうであるとすると、誰にも委託ができないことになる。「建てる廃棄物」という整理は、理論的には可能と思うが、現実には、ありえない整理かもしれない。

48

墓石は産業廃棄物か？

―「コンクリートの破片」明示の真意―

● 不要な台石

廃棄物処理法は、何が産業廃棄物に該当するかについて、施行令に全面的に委ねている。これを受けて、廃棄物処理法施行令2条は、実質的に20種類を規定する。そのひとつに、「工作物の新築、改築又は除去に伴って生じたコンクリートの破片その他これに類する不要物」（9号）がある。

コンクリートの破片が例示されているが、それとの関係で、「その他これに類する不要物」にあたるかどうかが争点となった事件がある。具体的に問題となったのは、墓石のうち、「何とか家の墓」と彫られている部分（棹石）の下にある台石等である。石材業者からこれを引き取った被告人が、産業廃棄物処理業（収集運搬）の許可を受けていなかったために、無許可営業として起訴されたのである。前提として、お墓は「工作物」である。

原審の岡山地裁倉敷支部は、有罪としたために、控訴された。広島高裁岡山支部は、控訴を棄却した（平成28年6月1日 LEX/DB25448093）。そこでは、なかなか興味深い解釈論が展開されている。

● 自然石はレンガか？

「その他これに類する不要物」とは何かについて、最高裁は、「レンガ片、鉄筋片等の不燃物」を例示し、廃木材はこれに含まれないとしていた（最三小決昭和60年2月22日判時1146号156頁）。被告人の代理人は、これをとらえて、「これに類する」というのは、レンガ片や鉄筋片のような人工物を指すのであって、自然石は含まれないと主張したのである。刑事裁判においては、とりわけ文言の解釈が厳格になされる。人工物のことであれば、たしかに墓石は自然物であるから、少なくとも廃棄物処理法施行規則1条9号の不要物には該当せず、ゆえに被告人は無罪という結果になる。

● 性状でなく形状

高裁は、この議論を否定した。その理由は、次のようである。最高裁が「不燃物」というときの「物」について、これを人工物に限定する理由は見当たらない。施行令2条9号がコンクリートの破片を明示したのは、ビルや港湾施設、橋梁などの建造物は工作物の典型であるが、その大半がコンクリートを用いているために、

これを除去等する際には大量のコンクリート片が排出されるという事情からである。元来自然界には存在しない人工物を投棄すれば生活環境に影響が発生するが自然物についてはそうではないとはいえない。無法な投棄は、生活環境の破壊を引き起こす。原料や安定性という点からも、コンクリート片と自然石を区別しなければならない理由はない。被告人は、石材業者の資材置場に山積みされていたりぞんざいに扱われていたりした台石を、料金をとって山中に埋めるなどしていたのであるから、それを廃棄物だと認識していたことは明らかである。

● **ポイントは取扱いの状況**

　そのかぎりでは、たしかにそうであろう。ところで、墓石については、廃棄物処理法のかつての所管官庁である厚生省の通知があるという。この1982年通知によれば、「墓は祖先の霊を埋葬・供養等してきた宗教的感情の対象であるので、宗教行為の一部として墓を除去し廃棄する場合、廃棄物として取り扱うことは適当ではない。」としているのである。

　通知は棹石と台石を区別しないが、棹石は「いかにも」である。もっとも、問題は、当該物の取り扱われ方である。かつては宗教的感情の対象となっていたとしても、現在においてはそうはされていないような客観的状況がある場合には、これを廃棄物とすることに問題はない。これは、棹石であっても台石であっても同じである。判断は微妙であるが、要は、不要物性を判断するときの実務上の考え方とされる総合判断説があげる5要素のうち、「通常の取扱い状況」が決め手となる。

　産業廃棄物行政を担当する都道府県行政が墓石について具体的判断を迫られたとき、あるいは、都道府県警察が捜査上で具体的判断を迫られたとき、モノがモノであるため、「ウッ！」と詰まるだろうことは、容易に推測できる。まさに「さわらぬ神（仏？）にタタリなし」であり、原則として供養対象と考えたい。本件では、それにもかかわらず産業廃棄物と判断したのであるから、被告人において、その取扱い方が相当にひどい事件だったのだろう。

49

予防原則の肯定と損失補償の命令

―川越工業事件の山形地判令和元年12月3日を読む―

● 注目すべき下級審判決

それほど注目されていないようであるが、山形地方裁判所が令和元年12月3日に下した判決は、行政法学に対して、きわめて興味深い論点を提示している。それは、「予防原則」そして「損失補償」である。

山形県遊佐町（ゆさまち）は、2013年に、「遊佐町の健全な水循環を保全するための条例」を制定していた。同条例は、健全な水循環を保全するため、町長が水源保護地域および水源涵養保全地域を指定し（8〜9条）、同地域内での一定の事業を実施しようとする者に対して、町長との事前協議および町民への説明会を義務づける（14〜15条）。町長は協議にかかる事業内容を審査したうえで、これが「地下水等の水質悪化をもたらすおそれがある事業」等であれば、規制対象事業に該当するとして、その旨を通知する（16〜17条）。規制対象事業非該当通知がないかぎりは事業着手が禁止されるため（18条）、該当通知は、不許可と同じ効果を持つ。禁止違反の着手に対しては中止命令が出され（19条）、その違反は過料処分となる（37条）。構造としては、多くの市町村で制定されている水道水源保護条例と似ている。

訴訟の前提となる事件は、この条例のもとで発生した。問題となったのは岩石採取事業である。これは、「土石又は砂利を採取する事業」として、事業規模にかかわらず事前協議の対象になる。川越工業が協議の申出をしたところ、町長は、同事業が規制対象事業に該当するという通知を出した。

● 損失補償請求の認容

川越工業は、同条例は採石法や自然環境保全法に反して違法であるから本件該当認定処分も違法であるとして、主位的請求として、処分の取消しを求めた。さらに、かりに違法でないとしても、被った経済的不利益についての損失補償支払いを求める予備的請求をした。裁判所は、主位的請求は棄却したものの、予備的請求の一部を認容し、町に対して、335万9,808円の支払いを命じたのである（LEX/DB 25580314）。

● 予防原則の明記

まず、条例論からみていこう。遊佐町条例に特徴的なのは、「予防原則」にもと

づく規制を明言している点である。すなわち、「地下水脈は現代の科学においてその全容を解明することは困難であり、一旦損傷した場合の復旧が不可能又は極めて困難であることに鑑み、その保全を図る施策は、予防原則に基づくものでなければならない。」（2条2項）という。条例webアーカイブデータベースで検索をしても、「予防原則」という文言を条文中に持つ条例は、本条例しかヒットしない。

　予防原則の内容は、様々に語られる。最も有名なリオ宣言第15原則は、「環境を保護するため、予防的方策は、各国により、その能力に応じて広く適用されなければならない。深刻な、あるいは不可逆的な被害のおそれがある場合には、完全な科学的確実性の欠如が、環境悪化を防止するための費用対効果の大きい対策を延期する理由として使われてはならない。」とする。裁判所は、本条例は、採石法の効果を阻害せず自然環境保全法とは目的を異にするとしたうえで、「本条例の規制は、その必要性が認められ、土地の形質の変更等をもたらし得る一定の事業に対し、その営業の自由に一定程度の制約を及ぼすこととなるものの、予防原則の観点から相応の規制が許容されるべきといえる」とした。

　もっとも、裁判所は、予防原則にどのような意味があり、それをどのように適用すれば本条例が妥当と「法的に」考えるのかについて、何も述べていない。町の主張にやや安易に乗ったような感じがする。

● 命じられた補償

　次は、損失補償である。実は、訴訟において憲法29条3項を直接の根拠として損失補償が認容されるのは、きわめて例外的である。裁判所は、特別の犠牲があれば認容されるという前提に立って、本件処分の川越工業への影響を評価する。そして、採石以外の方法で土地を利用することはできるものの採石が全面的に禁止されるために特別の犠牲が発生しているとする。そして、採石権と同額の補償額をもって憲法29条3項にいう「正当な補償」としたのである。川越工業は、規制対象となった採石場でかねてより採石業を営んできており、規制対象事業該当通知によって、事業実施が不可能になった。これは「特別の犠牲」にあたるというのである。もっとも、採石以外の方法での土地利用が可能であれば、条例上の重要地域ゆえに財産権の制約が大きくなるのではないかというような点からの検討はされていない。するまでもないということだろうか。

　山形地判が前提とする憲法29条3項直接適用説は、（同判決は引用しないものの）最高裁判所の立場である（最大判昭和43年11月27日刑集22巻12号1402頁）。控訴審判決（仙台高判令和2年12月15日　LEX/DB 25568678）も同様の立場をとり、補償額を479万4,398円に増額した。

50

取消しの取消しの取消請求

―中津川市河村産業事件と岐阜県条例―

● **事案の概要**

　中津川市の河村産業は、2009年11月に、岐阜県知事より、廃棄物処理法のもとでの産業廃棄物処理施設設置許可を得た。ところが、その翌年7月、同知事は、この許可を取り消した。

　理由はいくつかあるが、このうち「岐阜県廃棄物の適正処理等に関する条例」22条1項が求める関係住民への計画内容周知義務が果たされていないとした点に注目したい（なお、この条例は、現在では、「岐阜県産業廃棄物処理施設の設置に係る手続の適正化等に関する条例」になっている）。周知義務は、条例にもとづいて求められるものであるところ、許可申請時にはそれを果たしたという虚偽の内容の報告を行い、それを踏まえて許可が出された。その事実が許可後に判明したために、そもそも許可をすべきではなかった事案ということになる。廃棄物処理法15条の2第1項2号には、「周辺地域の生活環境の保全について適正な配慮がされたものであること」という要件（適正配慮要件）があるが、これに該当しないというのである。

　河村産業は、取消処分を不服として環境大臣に審査請求をした。2013年12月、同大臣はこれを認容し、岐阜県知事の取消処分を取り消す裁決をした。そこで、本件施設の周辺住民らが、河村産業は条例の求める周知義務を果たしておらず、その事実は、廃棄物処理法の適正配慮要件の不充足となり、許可取消の理由となるとして、取消裁決の取消しを求めたのである。岐阜県の代理戦争を住民がしているようにみえる。

● **環境省の主張**

　住民の主張に対して、第1審において、環境大臣は、以下のように反論した。「従前の適正処理条例22条1項を根拠に、産業廃棄物処理施設設置の許可要件として、関係住民に対する計画内容の周知義務を認めるべきであるという、原告らが主張する解釈をとった場合、従前の適正処理条例22条2項は、その趣旨、目的、内容及び効果において、適正配慮要件及び廃棄物処理法15条4項及び6項に定める手続に矛盾抵触する。したがって、廃棄物処理施設設置許可申請の要件の一つとして、従前の適正処理条例22条2項の定める周知義務の履行の有無を考慮することは、廃棄物処理法の定める『法律の範囲』（憲法94条）を超えるものであり、違憲である。」

この理由は、取消裁決の理由と同じであろう。

　岐阜地判平成29年4月12日（判時2409号12頁）は、住民の請求を退けた。その理由は、「河村産業は、従前の適正処理条例22条の求める周知義務を履行した」からというものであり、条例の適法性については判断していない。

● リンク条例違法説

　控訴審判決である名古屋高判平成30年4月13日（判時2409号3頁）も、住民の請求を退けたが、廃棄物処理法と適正処理条例の関係について、踏み込んで判断した。その内容は、大要次の通りである。適正配慮要件を充たすかどうかは、廃棄物処理法に定められた文書の提出や手続によって判断されるべきであり、同法は許可申請者に対して周辺住民の意見聴取を義務づけていないため、適正処理条例22条1項の履行が廃棄物処理法の適正配慮義務の内容にはならない。条例上の義務の不履行をもって適正配慮義務の不履行があるという理由でなされた岐阜県知事の許可取消処分は違法である。したがって、この取消処分を取り消した環境大臣裁決は適法である。

　岐阜県は、廃棄物処理法15条の2第1項2号の規定に「適正処理条例22条の履行がされていること」を読み込んだのであるが（どのような審査基準が作成されていたかは不明である）、判決は「それは無理」とした。適正配慮要件を充足しているかどうかは、もっぱら同法に規定される内容によって判断すべきというのである。第1審における環境大臣の主張は、適正処理条例を同法にリンクさせるのは違法というものであり、その主張を控訴審判決は肯定しているようにみえる。どう考えるべきであろうか。

　私は、この判断に批判的である。廃棄物処理法15条許可事務は法定受託事務であるが、自治体の事務であり、地域特性を踏まえた条例制定が可能である。同法は申請者と周辺住民の直接の対話を規定していないが、それを否定していると解する理由はない。同意取得を義務づけるのではなく一定手続の履行を求めるにとどめ、その履行状況を適正配慮要件に読み込むことは法律の範囲内と考える。

● 旧態依然の法解釈

　本件で意義があるのは、廃棄物処理法と条例の関係についての環境省の解釈が明らかにされた点である。岐阜県は解釈によって両者をリンクしようとしたが、たとえば、「鳥取県廃棄物処理施設の設置に係る手続の適正化及び紛争の予防、調整等に関する条例」24条や「浜松市廃棄物処理施設の設置等に係る紛争の予防と調整に関する条例」18条の3は、明文でのリンクを規定している。同省によれば、これら条例は「違憲」となるのだろう。私には、分権改革の意義を理解できていない旧態依然の暗澹たるその解釈こそが違憲であるように思える。

著者紹介

北村喜宣 (きたむら・よしのぶ)
上智大学大学院法学研究科長

　1960年京都市生まれ。1983年神戸大学法学部卒業、1988年カリフォルニア大学バークレイ校「法と社会政策」研究科修士課程修了。1991年神戸大学法学博士。横浜国立大学経済学部助教授、カリフォルニア大学バークレイ校「法と社会」研究センター客員研究員、ハワイ大学ロースクール客員研究員、上智大学法学部教授、同法科大学院長などを経て現職。専攻は、環境法学、行政法学、政策法務論。

〈主要単著書〉

『環境管理の制度と実態』（弘文堂、1992年）

『行政執行過程と自治体』（日本評論社、1997年）

『産業廃棄物への法政策対応』（第一法規出版、1998年）

『環境政策法務の実践』（ぎょうせい、1999年）

『揺れ動く産業廃棄物法制』（第一法規出版、2003年）

『分権改革と条例』（弘文堂、2004年）

『産業廃棄物法改革の到達点』（グリニッシュ・ビレッジ、2007年）

『行政法の実効性確保』（有斐閣、2008年）

『分権政策法務と環境・景観行政』（日本評論社、2008年）

『プレップ環境法〔第2版〕』（弘文堂、2011年）

『現代環境法の諸相〔改訂版〕』（放送大学教育振興会、2013年）

『環境法政策の発想』（レクシスネクシス・ジャパン、2015年）

『分権政策法務の実践』（有斐閣、2018年）

『廃棄物法制の軌跡と課題』（信山社、2019年）

『環境法〔第2版〕』（有斐閣、2019年）

『環境法〔第5版〕』（弘文堂、2020年）

『自治体環境行政法〔第9版〕』（第一法規、2021年）

サービス・インフォメーション
───── 通話無料 ─────

① 商品に関するご照会・お申込みのご依頼
　　　　TEL 0120 (203) 694／FAX 0120 (302) 640
② ご住所・ご名義等各種変更のご連絡
　　　　TEL 0120 (203) 696／FAX 0120 (202) 974
③ 請求・お支払いに関するご照会・ご要望
　　　　TEL 0120 (203) 695／FAX 0120 (202) 973

● フリーダイヤル（TEL）の受付時間は、土・日・祝日を除く
　9:00〜17:30です。
● FAXは24時間受け付けておりますので、あわせてご利用ください。

企業環境人の道しるべ
－より佳き環境管理実務への50の法的視点－

2021年9月10日　初版発行

著　者　　北　村　喜　宣
発行者　　田　中　英　弥
発行所　　第一法規株式会社
　　　　　〒107-8560　東京都港区南青山2-11-17
　　　　　ホームページ　https://www.daiichihoki.co.jp/
装　丁　　コミュニケーションアーツ株式会社

環境道しるべ　ISBN 978-4-474-07609-9　C3032（1）